SDGs時代のESDと社会的レジリエンス研究叢書 ②

佐藤真久・島岡未来子 著

協働ガバナンスと中間支援機能
環境保全活動を中心に

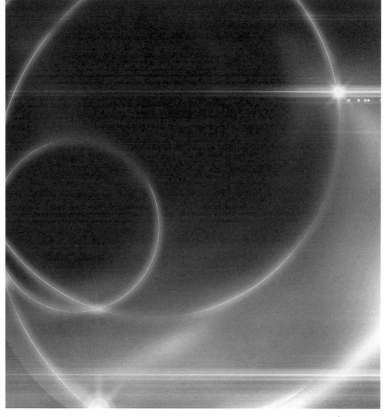

筑波書房

はじめに

　本書は、「ESDと社会的レジリエンス研究会」（研究会主宰：佐藤真久、北村友人、馬奈木俊介）による監修により、「SDGs時代のESDと社会的レジリエンス研究叢書」として、これまでの研究成果を発信するものである。本研究叢書を出版するに至った背景には、国連大学ESDプロジェクト『持続可能な開発のための教育（ESD）の推進を通じた社会的レジリエンスの強化』（研究代表者：北村友人、研究分担者：佐藤真久、馬奈木俊介）（2018年度～2020年度）における研究の蓄積がある。実際には、国連大学ESDプロジェクトによる研究成果の発信のみならず、本研究プロジェクトに関心を有する様々な分野・領域の研究者の研究成果の発信する場としても機能している。

　本研究叢書の研究母体となる「ESDと社会的レジリエンス研究会」では、3つの用語（SDGs時代、ESD、社会的レジリエンスの強化）を軸に議論が深められている。

- 「**SDGs時代**」——SDGs（持続可能な開発目標、2016-2030）の時代背景については、(1) MDGs（ミレニアム開発目標、2001-2015）の時代と比較して、世界が直面する問題・課題が大きく変化していること、(2) VUCA（変動性、不確実性、複雑性、曖昧性）の時代への状況的対応が求められていることが挙げられる。また、SDGsの有する世界観については、(1) "地球の限界"（planetary boundaries）に配慮をしなければならないという「地球惑星的世界観」、(2) "誰ひとり取り残さない"という人権と参加原理に基づく「社会包容的な世界観」、(3) "変容"という異なる未来社会を求める「変容の世界観」がある。さらに、SDGsの有する特徴については、(1) "複雑な問題"への対応（テーマの統合性・同時解

決性）、(2)"共有された責任"としての対応（万国・万人に適用される普遍性・衡平性）がある。本研究叢書では、SDGsの時代背景、世界観、特徴を踏まえて考察を深めるものである。

- 「ESD」——ESD（持続可能な開発のための教育）は、1990年代後半から欧州を中心に議論が深められてきた。国連は、「国連・持続可能な開発のための10年」（DESD、国連ESDの10年、2005-2014）を定めた。2009年に開催された中間年会合（ボン、ドイツ）では、「個人変容と社会変容の学びの連関」（learning to transform oneself and society）が、"新しい学習の柱"として提示された。本研究叢書では、"新しい学習の柱"として指摘がなされている、社会の"複雑な問題"の解決と価値創造に向けた「社会変容」と、主体の形成（担い手づくり）に向けた「個人変容」の有機的連関に向けて、考察を深めるものである。

- 「社会的レジリエンスの強化」——物理学、生態学の文脈で定義づけられてきた「レジリエンス」は、近年、社会生態学や、環境社会学、環境経済学などの社会科学分野でも議論が展開されている。本研究叢書では、社会的な文脈を踏まえて「社会的レジリエンス」を取り扱い、"VUCA社会"へ適応し、生態系と社会の重要なシステム機能（例：包括的なケアシステム、さまざまな機能連関、資本と資本の連関による相乗効果、協働ガバナンス、マルチステークホルダー・パートナーシップ）を存続させる力を高めることについて考察を深めるものである。

　本書は、『協働ガバナンスと中間支援機能：環境保全活動を中心に』と題して、本研究叢書の第2巻として、環境保全活動における協働ガバナンスと中間支援機能について理論研究と実証研究に基づいて考察を深めるものである。本書は、実証研究の対象となった「環境省　地域活性化を担う環境保全活動の協働推進事業」（2013年度）と「環境省　地域活性化に向けた協働取組の加

速化事業」（2014-2017年度）（これらを合わせて、協働取組事業と呼ぶ）において、アドバイザリー委員として参画をした島岡未来子教授と筆者（アドバイザリー委員長）の共著として著すものである。本書は、多様な主体の参画のもとで、数年にわたる継続的な協働取組の実践と研究活動に基づいており、実証研究の対象となった協働取組事業だけでなく、「川崎市環境技術産学公民連携公募型共同研究事業」（2011-2013年度、研究代表：佐藤真久、研究分担者：島岡未来子（2013年度））や、全国EPO連絡会における中間支援機能（EPO）評価ワークショップ（2014年2月21日実施）における知見と併せて著すものである。

　なお、本書の執筆において深く関わった協力者については［協力者・協力組織一覧］、とりまとめの基礎となった主要な報告書については［関連出版物（報告書）］、知見蓄積に基づいて発表された成果物については［関連出版物（投稿論文・記事・書籍等）］を参照されたい。

　［第1章］では、協働ガバナンスと中間支援機能について理論的な考察を行い、本書の理論的枠組みとしての「協働ガバナンスにおける中間支援機能モデル」（佐藤・島岡 2014a）を提示している。［第2章］では、本書で取り扱う事例研究を行った協働取組事業の概要について紹介している。［第3章］では、事例研究として、(1)（公財）公害地域再生センター（あおぞら財団）、(2)（公財）水島地域環境再生財団、(3) うどんまるごと循環コンソーシアム、(4)（特活）グリーンシティ福岡、(5)（一社）小浜温泉エネルギーが採択・実施した協働取組を取り扱い、筆者らが開発した理論的枠組みとしての「協働ガバナンスにおける中間支援機能モデル」（佐藤・島岡、2014a）に基づく実証的な研究を深めている。［第4章］では、その「協働ガバナンスにおける中間支援機能モデル」（佐藤・島岡 2014a）の有効性と制限についての考察を、ワークショップ等での議論に基づいて深めている。［第5章］では、VUCA社会に適用し、持続可能な社会の構築に資する協働取組の拡充にむけた考察をしている。

本研究叢書は、上述した３つの用語（SDGs 時代、ESD、社会的レジリエンスの強化）を関連付け、多様な分野・領域から多角的に考察を深めることに挑戦した萌芽的な研究の成果であるといえる。研究叢書として、十分に体系的なものになるかは、これからの研究次第でもあるが、これら一連の研究を、分野・領域を超えて深めることそのものにも重要な意義があるといえよう。これから出版される一連の研究叢書が、SDGs 時代を捉え、人の変容と社会の変容（とその連関）を促し、"持続可能な社会"の構築と、"VUCA 社会"の適用に資するものになることを願って止まない。

2020 年 7 月

共著者を代表して　佐藤　真久

目　次

第1章

理論研究
協働ガバナンスと中間支援機能

第1節　多様な主体の協働における中間支援機能の重要性

1　協働ガバナンスにおける中間支援組織の重要性

　2015年に国連にて採択されたSDGs（Sustainable Development Goals：持続可能な開発目標）では、目標の17番にパートナーシップでの目標達成が掲げられている（United Nations）。目標達成のためには、政府、民間部門、市民社会の間のパートナーシップが必要であることが明記されている。さらに、人と地球を中心に置くという原則と価値観、共有されたビジョン、そして共有された目標に基づいたこれらの包括的なパートナーシップは、世界、地域、国そして地域レベルで必要とされることが明記されている。もっとも、SDGsで明示されるより以前から、環境分野、福祉分野等の諸分野における社会的課題の解決に向けて、企業・行政・NPOといった異なるセクターがパートナーシップを組み、協働する機会は増してきた。この背景としては、SDGsでも掲げられている気候変動、エネルギー、貧困、環境問題といった社会的課題が、Wicked Problem（厄介な問題）と表現されるように、非常に複雑なシステムの中に埋め込まれており、単独のセクターでは解決できないことが顕著になってきたことがある。

　異なるセクターによる協働の形態は、官民パートナーシップ（PPP）にお

Key Word: SDGs、パートナーシップでの目標達成、異なるセクターによる協働、中間支援組織、協働ガバナンス、ファシリテーション的なリーダーシップ、協働ガバナンスにおける中間支援機能モデル、チェンジ・エージェント機能

1

ける民間委託、指定管理者制度、PFIから、企業のCSR活動、特定のプロジェクトにかかる協働まで多様である。このような多様な協働により、セクター単独では解決できない課題解決に向けて、効果的な成果がもたらされることが期待されている。しかし、現状はどうであろうか。多くの自治体は、地域の課題解決に向けて市民との協働が不可欠であることを認識し、市民協働を推進する部門を設置して取り組んでいる。一般社団法人日本経営協会による全国の地方自治体1,719団体を対象に実施された「第二回地方自治体の運営課題実態調査」（日本経営協会 2018）（有効回答数658）の調査結果から抜粋する。多くの地方自治体では環境変化や行政運営上の諸課題に対処するために重要なこととして、「住民意見の把握」が重視されており、協働の相手先として「自治会、町内会」があり、協働事業の手法としては「実行委員会方式」「住民参加によるワークショップ・政策提言」がある。しかし調査では、協働をめぐっては、協働する対象や手法がやや硬直化している傾向にあることが指摘されている。

　さらに、松戸市が全職員を対象として実施した調査結果（平成28年）（松戸市 2016）によれば、「市民との協働による取組を拡大していくことが有効な手段になるか」には、「そう思う」「ある程度そう思う」を合わせた肯定的評価が、75.5％を占め、前回の調査から8.8％増加しているという。しかし、市民との協働に関わった経験がある、と答えた職員は39.0％であり、意識と実践の間にかい離があることが推測される。企業との関係では、日本経済団体連合会の『2011年度社会貢献活動実績調査結果』[1] によれば、回答企業437社のうちNPOなどの非営利組織と接点がある企業は75％であるが、実際に協働で実施している活動がある企業は約半数の52％である（日本経済団体連合会 2012：p.II-10）。これらの現状は、協働という言葉が含意する理想と現実の間のギャップを示しているといえよう。

　このギャップの様相は様々であり、またその原因も多様である。例えば、先の「地方自治体の運営課題実態調査」では、協働をめぐっては、①行政は担当部署ごとの裁量であり、相手先が当該部署と関係がある団体に限られて

しまうことが少なくないこと、②行政活動を補完してもらうという発想が根強いことから、双方向的なやりとりを重ねて政策をつくっていくというよりは、事業の実施協力や緩やかな意見交換が中心になっている、という点が分析されている。小田切・新川（2007）の調査によれば、「自治体職員の多くが協働をNPOとの相互補完・役割分担と捉える一方で、協働をNPO支援・育成、あるいはアウトソーシングと同義として捉える側面がある」という。資源・歴史的背景・組織文化・組織ミッションなどの異質性を有するセクターが、それらのギャップを乗り越え、意思疎通を図り、信頼を形成することは容易ではない。

　このような組織間のギャップを埋め、協働を円滑に進める主体として期待されているのが、いわゆる中間支援組織[2] である。中間支援組織の活動内容は一般的に次のように定義される。

　　……主要なステークホルダーとの関係を築き、交流を主導し、支援をお
　　こなうこと、サービスの質やアカウンタビリティを向上させること、資源
　　を仲介し、活用させること、そして、効果的な政策のためのアドボカシー
　　活動を行うことを含む

（Anheier & List 2005）

　この定義が含意する中間支援組織の役割は大きく２つある。第１に、NPOらサード・セクターへの支援である。第２の役割は、ステークホルダー間の関係構築、交流促進、資源仲介といった言葉に示されているように、異なるアクター間の協働促進である。中間支援組織といった場合、第１の役割が注目されることが多く、第２の役割に着目した検討は比較的行われていない。しかし、協働においてはそれを促進する仕組みがその成否の鍵となることが、しばしば指摘されている（Ansell & Gash 2008; Bryson, Crosby & Stone 2006; Margerum 2002; Vangen & Huxham 2003）。そこで本章では、協働を促進する際の中間支援組織の役割に焦点をあて、そこではいかなる機

能が求められるかについて検討し、協働ガバナンスにおける中間支援機能モデルの構築を試みる。

2 中間支援組織にかかる先行研究

　中間支援組織の役割には、NPOなどの組織支援と異なるアクター間の協働促進が含まれる。具体的な支援機能としては、ステークホルダー間の資源仲介、ネットワーク化、経営支援などの基盤整備である。また、政策提言といったアドボカシーにより社会システムそのものを向上させていく機能も期待されている。日本では、NPOを支援するセンターがその代表として例に挙げられることが多い。日本NPOセンターのホームページには、全国のNPO支援センター一覧が掲載されている（日本NPOセンター）。NPO支援センターは次の2種類に類型できる。すなわち、(1) 主体の種類による類型：官設（官設官営、官設民営）/民設と、(2) 事業内容による類型：事業発展型/活動領域特化型、である（吉田 2004）。担っている役割は、地域の活動拠点、交流や情報拠点としての役割、地域のアドバイザー、コーディネーター、ネットワーカーとしての役割であり、NPOと企業や行政をつなぐ協働事業もその強みとなっているという（日本NPOセンター 2016）。

　中間支援組織へのノウハウ提供としては、東京都による『中間支援組織活動ハンドブック』（東京都生活文化局都民生活部管理法人課 2013）、地域に根ざす中間支援組織スタッフのための支援力アップ塾がある。実態調査報告書としては、内閣府による『中間支援組織の現状と課題に関する報告書』(2002)、日本NPOセンターによる『2018年度NPO支援センター実態調査報告書』(2019) などがある。そのほか、中間支援組織の類型を整理した吉田 (2004)、英国における中間支援組織を分析した中島 (2007)、国内の中間支援組織が抱える課題を英国との比較で検討した原田 (2010) がある。これらの文献におけるNPOセンターを中心的な対象とした実態調査やノウハウ提供は状況の把握に重要であることはいうまでもない。しかし、とりわけ異なるアクター間の協働において中間支援組織が果たすべき機能についての国内

の詳細な検討は不足している。

第2節　協働ガバナンス・モデルの検討

1　協働ガバナンスにかかる先行研究

　異なるアクター間の協働に関する研究は、行政学、経営学等の様々な角度から進められてきている[3]。小川（2017）によれば、特に米国における協働ガバナンス研究の動向は、3段階に分けられる。すなわち、1990年代〜2000年中ごろの理論として協働ガバナンスに対する幅広い合意や自然資源・環境分野の協働におけるシンプルなプロセスモデルの提示をその研究成果とするもの（第一段階）、2008年〜2012年の汎用性が高く、プロセス全体に関する包括的かつより精緻なモデルの提示（第二段階）、2009年以降の包括的なモデルの各構成要素に関する分析、協働の評価、協働イノベーションに関する研究（第三段階）である。本稿では、協働における中間支援機能を最大限に発揮する理論的枠組みとマネジメント・モデルを検討するという問題視点から、次の2つの観点から分類してみる。すなわち、（1）効果的な協働のプロセス、（2）そのプロセスにおいて協働を促進させる中間支援組織の機能、である。

　効果的な協働プロセスについて、協働プロセス全体を俯瞰した視点からとらえたものが、いわゆる「協働ガバナンス」（collaborative governance）のモデル化に関する研究である。ここでは、協働ガバナンスを、「それ以外の方法では達成できなかった公共の目的を遂行するために、公的機関、各種政府機関、および/またはパブリック、民間および市民の領域間の境界を越えて、建設的に人々を従事させる、公共政策にかかる意思決定と管理のプロセスと構造」（Emerson, Nabatchi & Balogh 2012）と定義する。協働プロセスについては、Ansell & Gash（2008）、Emerson *et al.*（2012）、小島ら（2011）など、いくつかのモデル化が試みられてきた。これらのうち、Emerson *et al.*（2012）が提示する「協働ガバナンスの統合的フレームワーク」は、協

働にかかるシステムを俯瞰するには適切であるが、本稿の目的である協働における中間支援機能を具体的に検討するには抽象度が高い。また、小島ら（2011）による「協働の窓」は、協働の記述・分析には優れているが、協働の促進機能が「協働アクティビスト」という個人に集約されており、本稿の問題意識からすると対象範囲がやや限定的である。そこで本稿では、協働プロセスの具体性と促進機能の網羅性に優れているAnsell & Gash（2008）による協働ガバナンス・モデルを取り上げて検討する。なお、検討は、佐藤・島岡（2014a）を基に論述する。

2　Ansell & Gashの協働ガバナンス・モデル

　Ansell & Gash（2008）は、協働にかかる137の事例研究文献を収集し、事例に共通する変数を抽出し、変数間の関係を分析し、以下の協働ガバナンス・モデルを提示した（**図1-1**）。分析された文献は、英文、米国の事例が主、

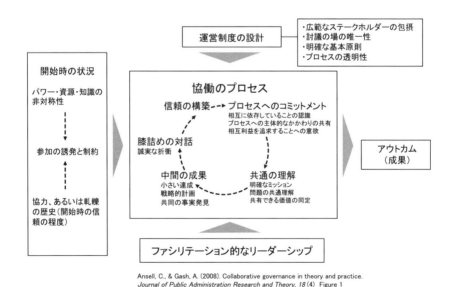

Ansell, C., & Gash, A. (2008). Collaborative governance in theory and practice.
Journal of Public Administration Research and Theory, 18 (4) Figure 1

図1-1　Ansell & Gash（2008）による協働ガバナンス・モデル

天然資源マネジメントが主、行政が主体、であることに留意する必要がある。協働ガバナンス・モデルは、次の５つの要素、すなわち、（1）開始時の状況、（2）運営制度の設計、（3）協働のプロセス、（4）ファシリテーション的なリーダーシップ、（5）アウトカム、から構成されている。協働ガバナンス・モデルは、コンティンジェンシー・モデル⁽⁴⁾を目指しており、異なる環境に応じて異なる対応が求められる点に特徴がある。

　Ansell & Gash（2008）による協働ガバナンス・モデルの各項目の概略と定理は次のとおりである。

（1）開始時の状況

- **パワー・資源・知識の非対称性**——協働の開始時には、アクター間にパワー・資源・知識の非対称性が存在する。特にパワーの非対称性は協働ガバナンスにおいてしばしば生じる問題である。能力・組織・地位・資源が強力なステークホルダーと脆弱なステークホルダーが存在する場合、強力なステークホルダーがプロセスを操作する場合があるからである。利害関係者間に著しいパワー／資源の不均衡がある場合、重要なステークホルダーが有意義な方法で参加できない場合がある。そのため、効果的な協働ガバナンスのためには、パワーの弱い／不利な立場にあるステークホルダーをエンパワーし利害を代表できるような戦略を採ることが求められる。

- **協力、あるいは軋轢の歴史**——組織間のこれまでの関係経緯（プレ・ヒストリー）も、重要な要素である。これまでの関係は協働を促進あるいは阻害する。以前に協力関係がある組織では相互の信頼は高く、過去に対立や軋轢を経験した組織間では信頼の程度は低いであろう。ただし、過去の軋轢は必ずしも参加の阻害要因とはならない。なぜなら、協働に参加することで関係を改善できると期待する場合もあるからである。ステークホルダー間に対立の歴史がある場合、（a）利害関係者間に高度の相互依存関係がある、または、（b）信頼とソーシャルキャピタルの低

さを改善するための積極的な措置が取られない限り、協働ガバナンスは
成功しないだろう。

- **参加の誘発と制約**——協働ガバナンスへの参加は自発的であることが
  大半であるため、ステークホルダーが協働ガバナンスに参加するインセ
  ンティブの理解とそのようなインセンティブを形成する要因を理解する
  ことは極めて重要である。例えば、ステークホルダーが一方的に彼らの
  目標を追求することができる代替の場が存在する場合、当該の協働ガバ
  ナンスへの参加動機は低下する。しかし、ステークホルダーが、かれら
  の目標を達成するには他のステークホルダーの協力（相互依存）が必要
  と認識する場合、協働ガバナンスは機能する。

(2) 運営制度の設計

制度設計においては広範なステークホルダーの参加が求められる。すなわ
ちプロセスはオープンであり、包摂的であるべきである。オープン性と包摂
性は、プロセスとその成果に対する正当性の確保につながる。討議の場の唯
一性とは、この協働プロセスが"コミュニティ内においてこの問題を討議で
きる唯一の場"であることを示す。このことにより、ステークホルダーの参
加とコミットメントが高まると考えられる。また、明確な基本原則とプロセ
スの透明性は、手続きの正当性とプロセスへの信頼構築に不可欠である。

(3) 協働のプロセス

協働のプロセスにおいて、相互作用は直線ではなく循環であり、要素の反
復のプロセスであると考えられる。要素は、膝詰めの対話、信頼の構築、プ
ロセスへのコミットメント、共通の理解、中間の成果から成る。プロセスへ
のコミットメントとは、相互に依存していることの認識・プロセスへの主体
的なかかわりの共有・相互利益を追求することへの意欲である。共通の理解
においては、参加者は協働のミッション・問題・共有できる価値観などを認
識し、理解する。中間の成果とは、小さい達成、戦略的計画の策定、共同の

事実発見などを指す。中間の成果は、参加者の相互信頼と協働へのモチベーションを高め、次の協働に向けて機運を高める。

（4）ファシリテーション的なリーダーシップ（facilitative leadership）

　協働においてはコンセンサス形成に向けたプロセス進行、すなわちファシリテーションの機能が求められることは言うまでもない。しかし、協働ガバナンスにおけるファシリテーターの役割は複雑である。広範な参加者を同じテーブルに着席させ、協働プロセスを通じて彼らを操舵するリーダーシップが極めて重要な機能となるからである。つまり全体の合意形成に向け円滑にプロセスを進めるファシリテーションのみならず、協働を操舵するリーダーシップが求められる。

3　協働ガバナンスにおける中間支援機能モデルの提示、チェンジ・エージェント機能の検討

　Ansell & Gash（2008）による協働ガバナンス・モデルは、前項で検討したアクターの参加動機について、開始時の状況において組み込まれている。従って協働にかかる諸相を組み込んでいると評価できる。しかし、協働における中間支援機能を検討するにあたり次の課題を有する。

　本モデルは、協働を促進する機能として、ファシリテーション的なリーダーシップがプロセス全般に必要である、とする。しかし、ファシリテーション的なリーダーシップとはなんだろうか。Ansell & Gash（2008）の協働ガバナンス・モデルは、共通の具体的な要件を示していない。その理由は、コンテンジェンシー・アプローチにより協働を深め、進めるリーダーシップにおいて単一の最善の方法はなく、異なるタスク、ゴール、そして文脈が、リーダーに特徴的な種類の要求を行う、とするからである。その後、Ansell & Gash（2012）は、協働のイノベーションにおいて、協働を推進するリーダーは事例研究をもとに、協働を深め、進めるリーダーの役割を次の3つのファシリテーションに分類している。すなわち、（1）スチュワード、（2）調停

者、(3) 触媒である。スチュワードは、協働を招集し、整合性の維持を助けることによって、協働を促進する。調停者は、紛争を管理し、ステークホルダー間の交流を仲裁することで協働を促進する。触媒は、価値創造の機会特定と実現を助けることによって、協働を促進する。そして、協働を深め、進めるリーダーは、複数の役割を担うことが要求されるが、協働の状況やゴールによって、この役割の顕著性は異なるとされる。

　これらの分類では、ファシリテーション的なリーダーシップのファシリテーションの側面が強調されている。しかし、本研究でモデルを作るに当たっては、能動的な介入に着目する。すなわち中間支援組織の能動的な機能、中間支援組織がいかに協働プロセスに介入するか、の観点から機能を整理したい。加えて、協働ガバナンスにおけるリーダーシップとは、従来のリーダーシップとは異なり、リーダーとそれ以外の参加者間のヒエラルキーが不在であることが特徴的である（Vangen & Huxham 2003）。つまり、協働促進者である中間支援組織にとって、ヒエラルキーから生じるパワーによりリーダーシップを行使することは困難である。プロセスへの介入が必要、そして、ヒエラルキー不在という協働において、どのようにリーダーシップを発揮することができるのであろうか。

　この点を、本稿ではチェンジ・エージェントの概念を応用して検討してみる。チェンジ・エージェントとは、端的には「意図的に変化、あるいはイノベーションを組織にもたらそうとする人」を指す（Havelock & Zlotolow 1995）。チェンジ・エージェントとしてリーダーシップを発揮するためには、必ずしもヒエラルキーのトップである必要はない（Battilana & Casciaro 2013）。Havelock & Zlotolow（1995）は、課題解決においてチェンジ・エージェントとなる方法について、次の4つの方法を提示している。すなわち、(1) 変革促進者、(2) プロセス支援者、(3) 資源連結者、(4) 問題解決策提示者である（図1-2）。

　このうち「プロセス支援者」は、変革プロセスのあらゆる領域におけるシステムの支援であり、協働のプロセスを促進するファシリテーション機能と

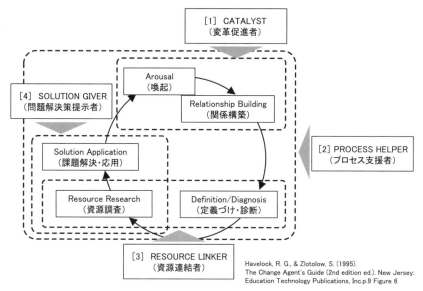

Havelock, R. G., & Zlotolow, S. (1995).
The Change Agent's Guide (2nd edition ed.). New Jersey:
Education Technology Publications, Inc.p.9 Figure 6

図 1-2　課題解決において、チェンジ・エージェントになるための4つの方法

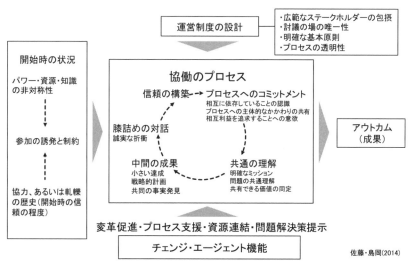

佐藤・島岡(2014)

佐藤真久・島岡未来子(2014) 協働における中間支援機能モデル構築にむけた理論的考察. 日本環境教育学会関東支部大会年報
※Ansell, C., & Gash, A. (2008), Havelock, R. G., & with Zlotolow, S. (1995) に基づく

図 1-3　協働ガバナンスにおける中間支援機能モデル（佐藤・島岡 2014a）

解釈できる。「変革促進者」、「問題解決策提示者」、「資源連結者」はいずれもリーダーシップを発揮する際に有効な機能であると考えられる。つまり、チェンジ・エージェントとなるための4つの方法は、ファシリテーション的なリーダーシップに求められる機能に読み替えることができる。そこで、佐藤・島岡（2014a）は、Ansell & Gash（2008）による協働ガバナンス・モデルにチェンジ・エージェント機能を結合させた、「協働ガバナンスにおける中間支援機能モデル」（**図1-3**）を提示した。

4　協働ガバナンスにおける中間支援機能モデルの課題

　このモデルを国内事例に活用するには次の二つの課題がある。第1に、当該モデルによって実際の事例が説明できるか、という点である。援用したAnsell & Gash（2008）の協働ガバナンス・モデルは、主として米国、また行政の視点を中心とした事例に基づくものであり、国内にそのままあてはまるとは限らない。第2に、協働におけるチェンジ・エージェント機能の実際である。協働におけるチェンジ・エージェントとしての中間支援組織は、協働の円滑な遂行を企図すると同時に、内容に関与しプロセスを促進する改革者である必要がある。この2面性により、中間支援組織は自身の役割を混乱することが考えられる。またステークホルダーが、中間支援組織によるプロセスの操舵を「ファシリテーターとしては逸脱行為であり正当ではない」と見なす場合も考えられる。すなわちヒエラルキー不在の状況下で、ファシリテーションとリーダーシップという2つの、ある意味相反する役割を同時にこなすことには困難が伴う可能性がある。実際の中間支援組織ではその困難をいかに克服しているのであろうか。本稿では、これらの課題に取り組むために、国内事例を取り上げて検討する。その際の分析視点は、①「協働ガバナンスにおける中間支援機能モデル」（佐藤・島岡 2014a）が国内の事例にどのように適合するか、②チェンジ・エージェント機能を果たすために、協働ガバナンスにおける中間支援機能を果たす主体は、どのような工夫を採用したか（「中間支援機能を果たすための工夫」）、である。

注

（1）経団連会員企業など1,317社を対象とした調査。「企業と非営利組織との連携」
　　の項の回答社数は437社。
（2）中間支援組織は、国によって呼び方も定義も異なる。たとえば、英国ではイ
　　ンフラストラクチャー組織（Infrastructure Organization: IO）、アンブレラ組
　　織、第 2 階層組織（2nd tier organization）、中間支援（Intermediary
　　organization）組織などと呼ばれる（OPM/Compass Partnership 2004）。国
　　内では、中間支援組織と呼ばれることが多いため、本稿ではこの名称を用いる。
（3）*The Journal of Applied Behavioral Science* 誌 は1991年 3 月 に、*Public
　　Administration Review* 誌は、2006年12月に協働に関する特集を行っている。
（4）コンティンジェンシー・モデルは、「あらゆる経営環境に対して有効な唯一最
　　善の経営組織は存在しないとして、経営環境が異なれば有効な経営組織は異
　　なる」という立場をとるモデル。

第2章

事例研究を行った事業の概要

　本章では、「協働ガバナンスにおける中間支援機能モデル」（佐藤・島岡2014a）を用いて具体的な事例を検討する。その際の分析視点は、①本モデルが国内の事例にどのように適合するか、②チェンジ・エージェント機能を果たすために、協働ガバナンスにおける中間支援機能を果たす主体は、どのような工夫を行ったか、である（「中間支援機能を果たすための工夫」）。事例は、「環境省　地域活性化を担う環境保全活動の協働推進事業」と「環境省　地域活性化に向けた協働取組の加速化事業」（これらを合わせて、協働取組事業と呼ぶ）を対象とする。本協働取組事業は、平成25年度（2013年度）から平成29年度（2017年度）までの5年間、様々な主体による協働での地域の環境課題の解決を目指し、かつ全国的に普及・共有可能な先導的なモデルを形成することを目指した事業であった。協働取組事業の特徴は、協働という複雑な事象に、実践と理論の両面からアプローチし、かつそれらを融合的に議論し、実践に戻すというサイクルを試みているところにあった。

第1節　協働取組事業の概要

　協働取組事業が始まった背景は次のとおりである。2002年に開催された「持続可能な開発に関する世界首脳会議（ヨハネスブルク・サミット）」で「国連・持続可能な開発のための教育（ESD）の10年」（2005-2014）が決議され、翌年7月には、国内法として「環境教育等推進法」が議員立法により制定さ

Key Word: 持続可能な開発に関する世界首脳会議（ヨハネスブルク・サミット）、国連・持続可能な開発のための教育（ESD）の10年、環境教育等推進法、環境教育等促進法

れた。この法律は、環境教育の振興を目的としていた。その後、環境保全活動や行政・企業・民間団体等の協働の重要性の拡大と環境教育のさらなる充実を図る必要が高まったことから、2011年6月に「環境教育等促進法」として改正された。これを受け2013年度から始まった協働取組事業は、全国地区及び地方地域のNPOや協議会等による協働の取組を採択し、地域の環境課題の解決を目指した。

　協働取組事業は、次の3点を目的とした。すなわち、①地域課題を解決すること、②中間支援組織の能力形成をすること、③事業の成功の要因や失敗の要因、そして中間支援組織が持つべき機能等に関する知見を蓄積し、社会全体に還元すること、である。この目的を達成するために、以下に示す特徴的な構造をとった（**図2-1**）。全国事務局の地球環境パートナーシッププラザ（以下、GEOC）及び地方事務局の地方環境パートナーシップオフィス（以下、地方EPO）[1]が中間支援組織として取組に伴走して支援を行う。

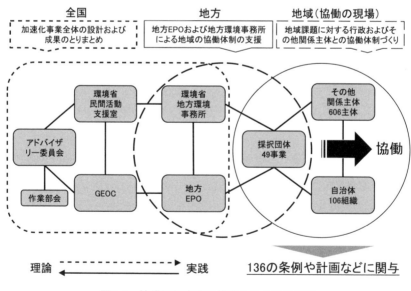

図2-1　協働取組事業の構造と各主体の総数

GEOCは、環境省民間活動支援室や有識者で構成されるアドバイザリー委員と密接に連携しつつ、事業全体の調整と助言を地方EPOに行う。地方EPOは、担当地域の取組について、採択団体の紹介やネットワークの構築等を含めた団体への助言や指導を行う。また、環境省地方環境事務所は、応募団体の採択審査や地方EPOと連携して進捗状況の監督の役割を担う。採択団体は、地域の環境課題の解決に向けて、行政やその他関係主体との協働体制をつくることが求められた。

　アドバイザリー委員は、採択審査に参加し、事業の成果物を作成する会議のメンバーとなってGEOCや地方EPOと一緒に作業を行った。アドバイザリー委員が実際の事業に参画することで、協働の理論的な面を現場に落とし込むことが可能となり、理論と実践の相乗効果が生まれた。また、全国8地域に点在する地方EPOのネットワークも活用した。地方EPOのネットワークにより、全国の各地域で行われている取組の内容やノウハウを共有することが可能であり、これらを分析し、さらに取組の現場で活用されることで事業全体の好循環を生じさせようとした。まさに、この事業設計自体が、様々な専門性や役割を有する主体による協働を志向していたといえる。

第2節　採択事例と成果

　5年間のプロジェクトで、継続案件を含む計49件の取組が全国31の都道府県を舞台に行われた。これらの取組のテーマは、公害、地域エネルギー開発、森林、海辺の環境整備など様々であり、その地域性や地域規模、実施主体もNPO法人、企業、一般社団法人、自治会など多種多様である（**表2-1**）。

　協働取組事業が始まった当初は、事業と協働を両輪で回す、というコンセプト自体がなかなか理解されなかった。従来であれば、廃棄物の削減量、イベントの参加人数、ツールキットの作成などの事業面が主たるアウトプットとなるかもしれない。しかし、協働取組事業では異なる主体が協働で取り組むこと、その試行錯誤の抽出、という別の視点も強く求められた。採択団体

表2-1　協働取組事業採択案件一覧

地域	事業実施年度	事業団体名	事業名
全国	H25-27	公益財団法人 公害地域再生センター（あおぞら財団） 公害資料館ネットワーク（H27）	・公害資料館の連携-教育・地域再生の経験交流-（H25） ・公害資料館の連携-参加型学習で被害者・企業・行政・地域をつなぐ-（H26） ・公害資料館とステークホルダーの協働（H27）
	H25	公益財団法人 日本環境協会	・子ども環境教育を推進するための協働取組事業
	H26	ラムサールセンター	・地域活性化に向けた「ESD・KODOMO ラムサール」推進事業
北海道	H25	知床ウトロ海域環境保全協議会準備会	・知床半島ウトロ海域の協働によるケイマフリ保護の取り組み
	H25	特定非営利活動法人 もりねっと北海道	・森で遊ぶコドモと先生を増やす森林環境教育プロジェクト
	H26	特定非営利活動法人 炭鉱の記憶推進事業団	・黒い都市から"みどりの大地"～そらちインダストリアルネイチャープロジェクト
	H26・28	一般財団法人 北海道国際交流センター	・大沼ラムサール条約湿地の活用の協働取組（H26） ・大沼環境保全計画改正に向けたラムサール地域協働の加速化事業（H28）
	H27-28	「人と海鳥と猫が共生する天売島」連絡協議会	・天売島の海鳥保護を目的としたノラネコ対策促進のための協働取組（H27） ・「人と海鳥と猫が共生する天売島」の実現を目指した協働取組（H28）
	H27	有限会社 三素	・占冠地区小水力可能性調査
	H28	特定非営利活動法人エコ・モビリティサッポロ	・真駒内モビリティ創造プロジェクト事業
東北	H25	一般社団法人 持続可能で安心安全な社会をめざす新エネルギー活用推進協議会	・東松島市の復興を支援する環境保全協働取組事業
	H26	一般財団法人 白神山地財団	・白神の恵みプロジェクト～白神山地の自然資本活用による ESD プログラムの作成～
	H27-28	一般社団法人 あきた地球環境会議	・『社会復帰プログラム×森林保全』協働取組事業（H27） ・「社会復帰プログラム×森林保全」協働取組事業 vol.2（H28）
	H27	♪米im♪My夢♪Oshu♪（マイムマイム奥州）	・岩手県奥州地域循環プロジェクト協働加速化推進事業
	H28-29	鶴岡市三瀬地区自治会	・鶴岡市三瀬地区　木質バイオマスで地域のエネルギーを自給自足（H28-29）
関東	H25	一般社団法人 五頭自然学校	・ぼくのごはん～白鳥と人、命をつなげる水ものがたり～
	H27	公益財団法人 オイスカ	・真鶴町「魚付き保安林」保全プロジェクト
	H27	さがみ湖森・モノづくり研究所	・地域材を活用した商品開発・販売および環境教育事業
	H28	辻又地域協議会	・荒廃した地域資源の回復と未利用地の活用による環境保全、経済資源の形成による辻又集落の再生事業
	H28	駿河台大学	・名栗の環境問題と地域課題を考える里山型自然学校の構築と地域連携プロジェクト
	H29	都市環境サービス株式会社	・障がい者の雇用を創出し、世代や立場をこえて地域のリサイクル資源を学び、集め、使う、循環型まちづくり推進事業モデルの構築
中部	H25	いきものみっけファームin松本推進協議会	・いきものみっけファーム in 松本推進協議会
	H25	越の国自然エネルギー推進協議会	・里山と海を結ぶ「ひみ森の番屋」地域内エネルギー循環事業
	H25	特定非営利活動法人 南信州おひさま進歩	・みんなの環境学習講座
	H26-27	一般社団法人 若狭高浜観光協会	・ブルーフラッグ認証取得活動を通じた海岸維持管理体制の再構築（H26-27）
	H26-27	特定非営利活動法人 中部リサイクル運動市民の会	・リユースびんを活用し循環型社会を構築する「めぐる」プロジェクト（H26） ・リユースびん普及を通じた地産地消ビジネスモデル構築プロジェクト（H27）

	H28	一般社団法人四日市大学エネルギー環境教育研究会	・地域循環型社会づくり「伊勢竹鶏物語〜3R プロジェクト〜」Part2
	H28-29	株式会社柳沢林業	・筑北村東条地区における里山交流促進計画（H28） ・森も人も健康に〜筑北村　福祉の森プロジェクト〜（H29）
近畿	H25	特定非営利活動法人 いけだエコスタッフ	・みんなの環境学習講座
	H25	特定非営利活動法人 人と自然とまちづくりと	・子どもによる地域協働と海洋文化の醸成
	H26	特定非営利活動法人 プロジェクト保津川	・川と海つながり共創プロジェクト
	H27	公益財団法人 吉野川紀の川源流物語	・紀の川（吉野川）流域における地域産業を ESD の視点でいかす教材化
	H27-28	bioa（ビオア）	・茨木市域のまちと農村をつなぐ環境教育の推進（H27） ・次世代へ引き継ぐ茨木のための環境教育の推進（H28）
	H28-29	ヨシネットワーク	・近江八幡円山地域の自然と文化の保全と継承の活動（H28） ・近江八幡円山地域「ヨシの価値」掘り起こしプロジェクト（H29）
中国	H25-27	公益財団法人 水島地域環境再生財団	・「環境学習で、人とまちと未来をつくる！」協働推進事業（H25） ・世界一の環境学習のまち、みずしま 実現にむけた協働加速化推進事業（H26） ・深化する協働「新しい学びのしくみ」で地域と対話し、発信する事業〜世界一の環境学習のまち、みずしまを目指して〜（H27）
	H26	特定非営利活動法人 瀬戸内里海振興会	・広島県尾道市百島町における「里海活性化促進事業」
	H27	アンダンテ21	・協働取組による益田川下流域の水質環境再生事業
	H28	有限会社日本シジミ研究所	・藻場再生と環境教育による活力ある地域づくり事業
	H28-29	特定非営利活動法人うべ環境コミュニティー	・こどもたちの生きる力を育むための地域教育向上プロジェクト〜新たな宇部方式の構築〜（H28-29）
四国	H25-26	うどんまるごと循環コンソーシアム	・うどん県。さぬき油田化プロジェクト（H25） ・うどんまるごと循環プロジェクト 2014（H26）
	H26	特定非営利活動法人 土佐の森・救援隊	・地域住民主体による「木質バイオマス利用＋地域林業＋地域通貨システム構築」地域材と地域経済の循環システム構築事業
	H27-28	NPO 森からつづく道	・松山市北条地域の生物多様性を支える〜トコロジスト育成と農地保全・交流人口拡大プロジェクト ・松山市北条地域の生物多様性を支える〜人材育成と農地保全・交流人口拡大プロジェクト
	H27	特定非営利活動法人 環境の杜こうち	・物部川流域まるごとエコシティプロジェクト 〜子どもたちから始まる香美市・香南市・南国市における環境保全活動〜
	H28-29	阿南市KITT賞賛推進会議	・伊島の宝：ササユリの保全活動からはじめる、自然の恵みを活かした持続可能な地域づくりプロジェクト（H28-29）
九州	H25-26	特定非営利活動法人 グリーンシティ福岡	・九州自然歩道の管理・活用基盤整備事業（H25） ・九州自然歩道活用促進事業（H26）
	H25-26	一般社団法人 小浜温泉エネルギー	・小浜温泉地域における温泉資源を活用した低炭素まちづくりと持続可能な観光地域づくりへ向けた協働取り組み事業（H25・26）
	H27-29	特定非営利活動法人 おきなわグリーンネットワーク	・やんばる地域"美ら島・美ら海"連携プロジェクト ・やんばる地域"美ら島・美ら海"連携プロジェクト-2 ・おきなわ地域"美ら島・美ら海"連携プロジェクト
	H27	特定非営利活動法人 くすの木自然館	・錦江湾奥湿地ネットワーク活性化事業
	H28	特定非営利活動法人 筑後川流域連携倶楽部	・放置竹林伐採と竹資源の有効活用を通じた、地域における環境保全と地域活性化のための協働取組事業

からは「何を期待されているのかがよく分からない」、「協働は手間がかかるので事業成果のみに集中する方が効率的では」といった声も聞かれた。しかし年を追うに従って、次第に関係者の理解が進んできた。それは協働で行ったことの効果が現れるようになったこととも関係している。

　毎年行われる年度末報告会は、採択団体を始め、前に述べた関係者100名以上が一堂に会する場となった。採択団体は一年の活動を発表し、他の採択団体、GEOC、地方EPO、アドバイザリー委員、環境省間でお互いに喧々諤々の議論を行った。その中で、事業全体の意義の確認や自身の取組みの振り返りを行い、事業団体間のネットワークも生まれた。例えば、宮城県で環境分野の人材育成を行っている団体が、本事業を通じて知り合った長崎県で低炭素まちづくりを行う団体を訪問してイベントを共催するようになった。当初、採択された取組の多くは、地域の環境課題の解決に向けた熱い想いがある一方で、協働とは何をすることなのか、協働で取組を行うことに何のメリットがあるのか、理解を得ることが難しいこともあった。採択団体やその他関係主体との対話を重ねることで、今では先進的で模範的な事例も表れ、採択団体が一同に集まって建設的な意見交換ができるまでになってきた。

　最終年度である５年目に到り、本事業からは様々な成果や発見がうまれた。定量的なものをあげれば、本事業で採択された49の取組事例には、606の関係主体が関与した。政策へのインパクトとしては、106の自治体が関与し、136の条例や計画策定に影響を与えた。また、これまでの採択団体は、協働取組事業の支援終了後もそのおよそ９割が何等かの形で取組を継続している。

注
（1）全国８つのオフィス（略称）は次のとおり。(1) 北海道環境パートナーシップオフィス（EPO北海道）、(2) 東北環境パートナーシップオフィス（EPO東北）、(3) 関東地方環境パートナーシップオフィス（関東EPO）、(4) 中部環境パートナーシップオフィス（EPO中部）、(5) 近畿環境パートナーシップオフィス（きんき環境館）、(6) 中国環境パートナーシップオフィス（EPOちゅうごく）、(7) 四国環境パートナーシップオフィス（四国EPO）、(8) 九州地方環境パートナーシップオフィス（EPO九州）

第3章

協働ガバナンス・モデルを用いた事例分析

　本章では、協働取組事業を対象に、「協働ガバナンスにおける中間支援機能モデル」（佐藤・島岡 2014a）を用いた5つの事例分析を行う（**表3-1**）。事例分析にあたっては、各事業における計画書、実施報告書、事業実施団体のホームページに加え、事業実施者へのインタビュー情報を情報源とした。なお、文中の情報は、事業実施当時の情報を採用している。

表3-1　事例研究の対象とする協働取組事例の概要

事例	タイトル （採択団体）	実施目的	範囲
1	全国公害資料館ネットワーク （公害地域再生センター）	・公設私設資料館の全国的連携を続けるシステムづくり ・資料保存ノウハウや協働ノウハウ共有、社会発信	国内全域
2	水島環境学習まちづくり （水島地域環境再生財団）	・多様な主体による環境学習（水島版 ESD プログラム）を通じた人材育成とまちづくり	水島地域
3	香川うどんまるごと循環 （うどんまるごと循環コンソーシアム）	・関係主体の巻き込みと環境教育の取組によるうどん食品残渣削減、持続可能な循環型社会のシステム構築	香川県域
4	九州自然歩道活用 （グリーンシティ福岡）	・九州自然歩道の協働型管理・活用によるログトレイルの実現、環境教育の充実、地域活性化	九州全域
5	小浜温泉資源活用まちづくり （小浜温泉エネルギー）	・地熱資源を活かした低炭素まちづくりと持続可能な観光地域づくり、温泉ツーリズムへの発展	小浜地域

Key Word: 全国公害資料館ネットワーク、水島環境学習まちづくり、香川うどんまるごと循環、九州自然歩道活用、小浜温泉資源活用まちづくり、協働ガバナンスにおける中間支援機能モデル

第1節　（公財）公害地域再生センター（あおぞら財団）

- 2013年度（平成25年度）事業名：「公害資料館の連携─教育・地域再生の経験交流」協働推進事業
- 2014年度（平成26年度）事業名：公害資料館の連携─参加型学習で被害者・企業・行政・地域をつなぐ─協働取組加速化事業

1　背景

　現代における公害教育の形態は、1970年代の公害の原因を知り、公害の責任を問うという形態からは変化してきている。各地で公害裁判がおこなわれた結果、原因や責任に関しては一定程度明らかになってきている。また、問題は残っているとしても、公害を体感する場面は少なくなってきた。しかし、補償問題や地域の再生など、見えにくい課題は残されたままである。

　教育面では、従前の公害教育ではなく、これらの課題を解決するための公害教育に変化している。また、公害教育は公害地域の解決という地域特有の学びだけでは終わらない。困難な状況に陥った時に人間としてどの様にふるまえばいいかを学ぶ素材として、様々な社会構造的問題を理解する素材として、公害の経験を学ぶことは、持続可能な開発のための教育（ESD、持続可能な社会の構築にむけた個人変容と社会変容の学びの連関）としても有効である。

　本事業の採択団体であるあおぞら財団は、大気汚染問題に向き合ってきた大阪・西淀川地域の取組に深く関わってきた。その経緯は次のとおりである。西淀川の公害は工業化に伴い、地盤沈下・水質汚濁・騒音・大気汚染といった典型7公害が入り混じった形で戦前から展開されていた。石炭から石油への燃料転換がおこなわれた高度経済成長期に、大気汚染によって健康被害が

引き起こされるようになった。その結果、公害健康被害補償法の前身である
公害に係る健康被害の救済に関する特別措置法の最初の指定地域に、四日市
と川崎に並んで指定された。1976年には、区民の20人に一人は公害患者とい
う大気汚染の被害があった。準備に6年という年月をかけ、1978年に西淀川
公害裁判を提訴したが、大気汚染公害は立証が困難であったことなど、様々
な困難が立ちはだかり、判決・和解まで21年間という長い年月を要すること
となった。このような困難な状況の中で、公害によるコミュニティの分断と
破壊が見られるようになる。

　一方で、裁判の原告となった、西淀川公害患者と家族の会（以後、患者会）
は、裁判提訴以前からまちづくり活動を積極的に展開していた。患者会は、
工業専用地域指定反対運動や、大阪湾の廃棄物処理埋立地造成問題（フェニ
ックス計画）への反対運動を通して、地域におけるまちづくりに関わった。
その結果として、第1次訴訟の地裁判決前の1991年には、まちづくりに取組
む人たちと患者が協議をし、西淀川地域の再生プランを作成して公表した。
これは、公害患者がまちづくりを提案した初めての出来ごとであった。

　西淀川公害裁判は、第1次地裁判決で工場に原告勝訴、第2～4次地裁判
決で国（当時の建設省）に道路の管理責任があることが認められた。その後、
1995年に企業と、1998年に国・阪神高速道路公団（以下、公団）と和解が成
立して、21年の裁判の幕が閉じた。企業との和解も、国・公団との和解も、
地域再生が明記された。企業とは公害患者への賠償金とともに、公害地域再
生の為に資金が提供されることとなり、それらを基に財団法人公害地域再生
センター（あおぞら財団）が設立された。

　あおぞら財団の設立趣意書には「公害地域の再生は、たんに自然環境面で
の再生・創造・保全にとどまらず、住民の健康の回復・増進、経済優先型の
開発によって損なわれたコミュニティ機能の回復・育成、行政・企業・住民
の信頼・協働関係（パートナーシップ）の再構築などによって実現される」
と記されている。公害の再生が物理的な再生にとどまらず、コミュニティの
回復・育成であり、パートナーシップの再構築であると謳われていることが

特徴的である。この設立趣意書に基づき、あおぞら財団では地域づくり、資料館、環境学習、環境保健、国際交流といった分野で活動を行い、行政・企業・住民の関係をつなぎ、協働でできる関係性の構築がめざされることとなった。

　このような、地域に根差した参加型・対話型アプローチの経験が、その後の公害資料館の連携につながっていく。あおぞら財団は、地域の連携と環境教育を通して、教材開発とイベントの開催、子ども達との地域調査、西淀川高校との連携、ESDモデル事業の立ち上げ、スタディツアーの実施などを実施してきた。スタディツアーは環境学習が築いてきた参加型学習の手法を取り入れたものであった。参加型学習の可能性を知った、新潟県立人間と環境のふれあい館－新潟水俣病資料館－の塚田眞弘館長が、あおぞら財団と共に公害資料館の連携を図ることを提案した。それまであおぞら財団では、四日市で公害資料の保存を訴えるシンポジウム「公害・環境問題資料の保存・活用ネットワークをめざして」(2002) の開催、大気汚染公害資料の保存場所の調査や、大気汚染公害裁判の資料公開のために環境再生保全機構と協働して「記録で見る大気汚染と裁判」(http://nihon-taikiosen.erca.go.jp/taiki/) というウェブサイトの開設など、公害反対運動の資料保存の重要性を訴え、情報の共有を図ってきた。そのため、塚田氏の提案はあおぞら財団としても望んでいる事であった。この経緯を経て、2013年度（平成25年度）の環境省地域活性化を担う環境保全活動の協働取組推進事業に応募し、採択された。

2　対象とする協働取組の概要

　公害資料館が全国的に整備されたのは、近年の事である。公立の機関として設立されたのは、熊本の水俣市立公害資料館、国立水俣病総合研究センター水俣病情報センター、前出の新潟県立人間と環境のふれあい館―新潟水俣病資料館―、富山県立イタイイタイ病資料館がある。私設の資料館としては、水俣病センター相思社の水俣病歴史考証館や、あおぞら財団の西淀川・公害と環境資料館（エコミューズ）などがある。その他にも、尼崎南部再生研究

写真 3-1　公害資料館連携フォーラム（新潟）全体会開催風景

写真 3-2　公害資料館連携フォーラム（富山）全体会開催風景

写真 3-3　公害資料館連携フォーラム（富山）フィールドワーク実施風景

写真 3-4　公害資料館連携フォーラム（富山）分科会（企業との関係づくり）開催風景

室（あまけん）、一般社団法人あがのがわ環境学舎、公益財団法人水島地域環境再生財団（みずしま財団）などが、公害地域でフィールドミュージアムの活動をとりいれてまちづくりを行ってきた。しかし、これらの団体の活動は、他の公害地域では知られていなかった。団体の活動だけではない。他の公害を知らないというのが現状だった。公害について語る時に、全国的な公害との関係性が見えていないことが、公害の語りを狭くしている原因でもあったといえよう。そのため公害資料館の連携によって情報を共有する潜在的なニーズが存在する状況にあった。

　このような状況のもと、本協働取組では、まず各公害資料館に赴き、担当者との交流とヒアリング調査を通して、対象とする公害資料館の現況の把握、

他の公害地域の公害資料館の情報の共有を行った。ヒアリング調査に基づく関連情報はその後整理され、「公害資料館連携フォーラム」において共有されることとなる。2013年12月7-8日には、新潟で「わくわくひろげよう公害資料館の"わ"」と題して公害資料館連携フォーラムを開催した。フォーラムには複数の資料館だけではなく、地域再生を行っている団体、研究者、被害者団体など94名が集まり、展示やCSR、地域づくり、資料の保存と活用、資料館の運営問題について議論を交し、これから公害資料館が連携していくことを確認した。続いて、2014年12月5-7日には、富山で公害資料館連携フォーラムを開催し、資料館、地域再生を行っている団体、研究者、被害者団体、加害企業など160名が集まり、展示やCSR、地域づくり、資料の保存と活用、資料館の運営問題について議論し、今後、公害資料館が連携していくことを確認した。

　これらの取組を通して、明らかになった論点は次のとおりである。まず公害を伝える基礎に資料の保存がある点である。さらに被害者に寄り添う大切さ、地域再生の大切さ、被害を伝える事だけでなくこれからの人材育成が課題であることが、様々な事例を基に議論されることとなった。大気汚染発生地で行われている地域再生と新潟でのもやい直しの活動が一緒に議論される事もこれまでなかった。公害地域の活動は、ローカルの問題となりやすい為に、他の地域の人たちが知ることができなかったのである。議論の内容だけではない。各地で公害を伝えることに苦心していた人たちが、一堂に会し、同じ悩みを抱えている同志がいることのよろこびに満ちた会場は熱気にあふれていた。これまで交わることのなかった、イタイイタイ病の地域再生の成果が多くの人に知られ、企業との関係性を作る議論の土台となった。

3　対象とする協働取組の協働ガバナンスの評価

　上述した背景と内容を踏まえ、本節では、対象とする協働取組の協働ガバナンスの評価を行う。

（1）開始時の状況

　本協働取組の開始時の状況においては、被害者と加害企業、公害資料館の属性、地域における［パワー・資源・知識の非対称性］があった。さらには、公害に関する［協力あるいは軋轢の歴史］（開始時の信頼の程度）が深い点が特徴的である。前述の通り、公害反対運動を出発点とする活動には、被害者と加害企業との対立、公害運動と被害者補償の歴史的背景があった。これらの対立を乗り越えて本協働取組を可能にさせた背景には、公害地域再生に深くかかわってきたあおぞら財団の経験と関係者間の信頼があったと言える。［参加の誘発と制約］においては、2009年から実施した公害地域の今を伝えるスタディツアー（2009年富山、2010年新潟、2011年大阪）によるものが大きい。スタディツアー（あおぞら財団主催）は、従来の知識注入型から、各主体の意見を尊重した対話の学習機会を構築し、地域でのヒアリング調査に基づき参加者が地域のことを同じ立場で考える学習機会を構築した。このような参加型・対話型の学習機会の構築と地域実践が、多様な主体の参加を誘発している。全国組織としてのあおぞら財団に対する期待だけではなく、当日コーディネーターとして企画立案と運営に関わった林美帆氏の人柄や当事者意識への期待も、多様な主体の参加を誘発していると言える。2009年に実施した富山でのスタディツアーは、あおぞら財団と三井金属鉱業株式会社とのお互いの敬意と学びに基づく直接的な付き合いを可能にした。このことは、2014年度（平成26年度）の公害資料館連携フォーラムを有意義なものにさせている。協働取組採択後においては、あおぞら財団による各公害資料館に対する現地ヒアリング調査がなされており、フォーラム当日、公害資料館ヒアリング集として配布された。ヒアリング調査を通して、問題意識の共有、現況把握、資料館の役割の明確化をした点が全国規模の公害資料館ネットワークによる協働取組の糸口を作りだしたといえよう。

（2）運営制度の設計

　本事業における運営制度の設計については次のとおりである。あおぞら財

団は、本協働取組事業において、協働取組を推進する事務局として機能していた。事務局は、協働取組の進捗の共有や、ヒアリング調査に基づく情報の共有（フォーラム当日、公害資料館ヒアリング集として配布）を通して、［プロセスの透明性］を確保した。そして、被害者や加害企業だけではない、［広範なステークホルダーの包摂］を通して、協働取組における敵対構造を緩和し、公害教育を主軸とした「社会的学習」の機会を提供したと言える。

　本協働取組において、特筆すべき点は、公害資料館を巻き込み、多様な関係主体の参画を促すことを通して、今日まで存在しなかった全国ネットワークとしての［討議の場の唯一性］を確立した点にあるだろう。この確立の背景には、いくつかの要因がある。第一に、新潟県立人間と環境のふれあい館－新潟水俣病資料館－の塚田眞弘館長が、あおぞら財団と共に公害資料館の連携を図ることを提案したことで、公立の公害資料館の参加が容易になった点である。第二に、主催を誰が担うか、という点である。国の主催であれば国の公害の責任を問われる可能性があり反発が大きい。しかし民設による全国規模ネットワークとしての公害資料館連携フォーラムの設置は、今日までの活動に基づく信頼関係ある人たちの参画を可能にさせるだけでなく、その関係者が有する人脈による多様な属性を有する関係者の参画を可能にした。更には、加害企業などの関係主体の参画も可能にしている。特に、2014年度（平成26年度）の公害資料館連携フォーラムにおける神岡鉱業株式会社の参加は特筆すべき前進である。多様な参加者の間でなされる知見の共有は、「社会的学習」の充実に大きく貢献しているといえよう。フォーラムは、公害資料館自身にとっても、広報やアピールする機会としても機能しており、公害資料館にとって貴重な営業機会としても位置付けることができる。

　［明確な基本原則］としては、公害資料館連携フォーラムを、学びと対話の機会として位置付けている点である。被害者が高齢化している現状の中で、公害からの学びを、世代内、世代間の対話を中心に設計している点に、本協働取組の実施姿勢を見ることができる。

(3) 協働のプロセス

　［膝詰めの対話］・［信頼の構築］をもたらしているものは、あおぞら財団の地域に根差した実践活動によるものであるといえよう。上述のとおり、あおぞら財団は地域づくり、資料館、環境学習、環境保健、国際交流といった分野で活動を行い、行政・企業・住民の関係をつなぎ、協働できる関係性の構築に努めている。公害資料館連携フォーラムの開催において、関係主体の［プロセスへのコミットメント］が見られる。公害資料館連携フォーラムへの参加者は、被害者のみならず、加害企業、教育者、研究者、NGO/NPO、地方自治体と、多様な主体が参画している。公害訴訟であれば、被害者と加害企業が敵対するが、本協働取組においては、公害教育という「学びの要素」が入ることにより、関係主体の［プロセスへのコミットメント］に向上が見られている。［プロセスへのコミットメント］へは、公害被害者の公害反対運動による連携（全国公害被害者総行動実行委員会）を進めてきたイタイイタイ病対策協議会の高木勲寛氏、あおぞら財団の名誉理事長であり西淀川公害患者と家族の会の会長である森脇君雄氏のほか、西淀川公害患者と家族の会の理解、全国公害患者の会連合会および全国公害被害者総行動実行委員会の理解によるものが大きい。協働取組の内容（ヒアリング調査、ワークショップ開催、スタディツアーの企画等）を議論できる研究者のコミットメントも存在する。さらには、公害の文脈を理解している活動者によるワークショップの記録への関与も、特記すべき点であろう。多様な関係主体がかかわることによる学びの機会は、相互を尊重した対話の場づくりに貢献しているといえよう。

　［共通の理解］を促した機会としては、公害資料館連携フォーラムが挙げられよう。協働取組の意義・重要性は、関係者主体による公害資料館連携フォーラムへの参加を通して、議論され、共有化されている。

　［中間の成果］については、2014年度（平成26年度）初頭に実施されたヒアリング調査の貢献が高い。2013年度（平成25年度）における協働取組の成果を、ヒアリング調査の機会を活用し関係主体と共有することで、協働取組

の中間成果の確認、協働取組の価値の顕在化、共通理解の醸成に貢献している。2014年12月に実施された公害資料館連携フォーラムで共有化された「公害資料館連携フォーラム宣言文」は、関係主体間での［共通の理解］を促しただけでなく、本協働取組の成果としても位置付けることができる。

(4) 中間支援機能

　あおぞら財団が、本協働取組において果たした中間支援機能について考察する。

　［変革促進］機能として、まず強調したいのが「異なる主体による対話・学習を促す場の唯一性」を確立させた点である。上述の通り、今日まで各地域の公害資料館が一堂に会する機会はなかった。あおぞら財団による公害資料館連携フォーラムの開催は、関係主体の交流と学びを促し、公害資料館の役割を明確化・共有した点において、大きな貢献である。公害資料館の属性は、その設立背景や財政基盤、活動目的に応じて多様であるが、多様な組織が参画するネットワークとして重要な意味を有していると言える。

　［プロセス支援］機能としては、公害資料館連携フォーラムにおけるフィールドワークやワークショップにおけるファシリテーションに特徴が見られる。公害資料館連携フォーラムに参加している関係主体は、患者、加害企業、教育者、研究者を含み多様であるため、あおぞら財団が、公害資料館連携フォーラムの事務局として機能し、多様な立場に対して配慮している。

　［資源連結］機能としては、今日までの公害反対運動や環境教育の実践を通した信頼に基づく人脈の活用に特徴が見られる。本協働取組の企画・立案段階における関係者の巻き込み、公害資料館連携フォーラムにおけるワークショップ担当講師やファシリテーターの採用、被害者や加害企業の巻き込み、などにおいて、「人と人との資源の連結」が見られる。「情報資源の連結」においては、ヒアリング調査において実施をしており、ヒアリング調査が、現況把握を目的としたものではなく、関係情報（実践ノウハウや学習機会、連携・協働のアイデア等）を関連づける機会として位置付けている点にも特徴

が見られる。情報の共有においては、メーリングリスト等などの情報通信技術に頼るものではなく、資料の送付や、電話での応対などを通して、実施なされている点にも特徴が見られている。また、フィールドワークの開催は、2014年度（平成26年度）の公害資料館連携フォーラムから開始されており、フィールドワーク実践の豊かな経験を有するあおぞら財団の知見が関係主体と共有できた点も、資源の連結として位置付けることができよう。［問題解決策提示］機能としては、展示、事例に基づく解決策の提示等について、ヒアリング調査を通してなされている点に特徴がある。

4　事業の成果まとめ

　これまでの2年間の到達点として、あおぞら財団は以下の点を挙げている（林 2014）。

- 公害被害者の公害反対運動による連携（公害被害者総行動など）があったとしても、公害資料館や地域再生を行っているNPOなどの交流は行われていなかったが、初めて顔合わせて話し合う場ができた。
- 水俣病やイタイイタイ病、大気汚染といった、病態を超えて「公害を伝える」ことを論じる場もなかったが、情報交換することでほかの地域の公害を知ることができた。
- 各館ヒアリングを行い、情報を共有化したことで、どこでどのような事業を行っているか、また各館ごとに考え方が違うことを理解し、各館の情報の偏りが減った。
- これまで、公害資料館のための学習がなされてこなかったが、環境教育の実行委員が加わることで、公害資料館の学びの場としてフォーラムの中に分科会を設置（「展示」「資料保存」「学校教育」「企業との関係」「マネジメント」など）して、学びを深めることができた。
- 「公害資料館連携フォーラム（宣言文）」の文章を採択したことで、公害資料館の連携の必要性を共有することができた。そして、公害を伝える

こととは何か考える土壌が整った（公害教育の一般化への糸口）
- 公害の原因企業と協働した公害教育の可能性について議論をすることができた。
- 公害資料館ネットワーク会議は、クローズドな場であるが、フォーラムはオープンに公開していることもあり、公害教育に関心をもっている研究者・一般市民・行政担当者が参加することができ、共に議論することができた。

　あおぞら財団が実施した、本協働取組は、上述の通り、［開始時の状況］に見られる今日までの実践経験と、軋轢の歴史のもとでの関係者の信頼関係なしには、その実現が不可能であったことが読み取れる。運営制度の設計においては、公害資料館連携フォーラムの設置・運営といった、［討議の場の唯一性］を確立した点にあるだろう。協働プロセスにおいては、多様な目的（［膝詰めの対話］、［信頼の構築］、現況把握と共有、［プロセスへのコミットメント］、［共通の理解］、［中間の成果］の共有）を有したヒアリング調査（フォーラム当日、公害資料館ヒアリング集として配布）を実施している点、協働取組の活動成果としての宣言文の共有が、協働プロセスを機能させる特徴であると言えよう。
　今後、公害資料館連携フォーラムの継続開催、ヒアリング調査の効果的活用による連携・協働基盤の強化、公害資料館ネットワーク会議の継続開催が期待されているとともに、それらの取組が、地域的文脈を活かした参加型・対話型学習機会と連関していくことが必要とされている。さらには、公害に関する学習が、個々の地域個別のものとして取り扱うだけでなく、社会的構造の理解を深める学習機会として、リスク社会における応用を議論する機会としても、大きな潜在性と可能性を有しているといえよう。

5　中間支援機能を果たすための工夫

- 事業主体団体のこれまでの長い経験と関係者からの信頼をテコに、利害

関係や対立関係にある複数の関係者を対話のテーブルにつかせた
- 特に対話に参加することを躊躇する主体には、インタビュー調査という名目で、主体の思いや懸念を引き出し、参加を誘発した
- 参加型・対話型の学習機会の構築と地域実践により多様な主体の参加を誘発した
- 事務局機能を担うことで、プロセスの進行にかかる操舵を行った
- これまでになかった全国規模のフォーラムを開催することで、場の唯一性を確保した
- 「人と人との資源の連結」のみならず「情報資源の連結」を行った
- フォーラムにおける宣言文の採択により、協働のプロセスの到達点を明確化し、参加者全体の同意とコミットメントを引き出した
- ネットワーク、資源を集積することで、さらなる参加者を呼び込むことになり、場の自己強化ループを作っている

第2節　（公財）水島地域環境再生財団

- 2013年度（平成25年度）事業名：「環境学習で、人とまちと未来をつくる！」協働推進事業
- 2014年度（平成26年度）事業名：世界一の環境学習のまち、みずしま実現に向けた協働取組加速化事業

1　背景 [1]

水島臨海工業地帯（水島コンビナート）は、鉄鋼・石油化学を中心とした国内有数のコンビナートである。同コンビナートは岡山県倉敷市の瀬戸内海に面する児島・水島・玉島地区の3つの地区を横断して広がっている。広さは、2,514haであり、倉敷市の総面積の7％を占める。水島コンビナートの

中心ともいえる水島地区には、次の３つのエリアがある。歴史がありレンコ
ン畑やゴボウ畑が広がる「連島エリア」、干拓により広がった農業が盛んな「福
田エリア」、戦後形成されたまちで主要施設が集まる「水島エリア」である。
戦前の水島地区は、浅海漁業とイ草やレンコンなどの生産で栄えた農漁村地
帯であった。その後戦時中に転機を迎える。1943年に埋め立てにより広がっ
た河口部に、三菱重工業（株）航空機製作所岡山工場（現：三菱自動車工業
（株）水島製作所）が誘致され、操業が開始された。戦後には、高度経済成
長政策の下、岡山県の工業振興の要を担う新産業都市が整備され、先端技術
の粋を集約した日本代表するコンビナートが形成された。

　このような一大工業地帯としての発展の一方で、大気汚染を中心とした公
害が発生した。大気汚染の原因となる物質として一般的に知られているもの
には、浮遊粒子状物質、二酸化硫黄、二酸化窒素などがある。他にも揮発性
有機化合物（VOC）、ダイオキシンなど多岐にわたる。大気汚染による健康
被害は、主に呼吸器の疾患であり、公害健康被害補償法では、「肺気腫」「気
管支ぜんそく」「慢性気管支炎」「ぜんそく性気管支炎」の４病が指定疾病と
されている。水島地域も公害健康被害補償法により公害地域として指定され、
1975年から1988年までの間に、4,000人近くの人が公害患者として認定された。
1988年３月に指定地域解除により新規認定が行われなくなり、現在の認定公
害患者は1,350人となっている（2010年３月末）。そのうち、65歳以上が750
人と半数以上を占め、公害患者の高齢化が進んでいる。

　現在水島コンビナートには、石油精製・石油化学の工場をはじめ、鉄鋼・
自動車・食品・発電等の工場が立地する。事業所数は251であり、従業員数
は23,265人である（岡山県 2015）。最盛期の従業者数は39,795人（1972年）
であったが、現在はその約６割に減少している。水島臨海工業地帯の製造品
出荷額は３兆128億8,200万円であり、岡山県全体の約46％を占めている（2009
年工業統計調査速報値）。全国の市町村の製造品出荷額を比較すると、倉敷
市は第５位である（2008年工業統計調査確定値）。工業地帯の海上輸送を担
う水島港は、2003年に全国で23番目の特定重要港湾の指定を受けている。取

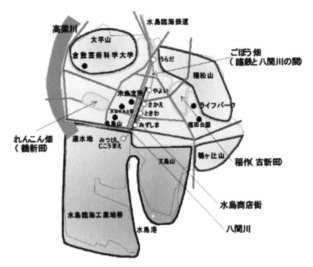

図3-1　水島地区（提供：みずしま財団）

扱貨物量は全国5位である（2008年）。水島港は企業の専用岸壁の利用が圧倒的に多く、工業港の性格が強い。

　水島地区には、約9万人が暮らし、工業だけではなく農業も盛んである。高梁川の廃川地の土壌を利用してのゴボウの栽培や、干拓地でのレンコン栽培が行われている。また、ショウガの栽培も盛んである。水島地区には、生産緑地として593ha（2000年調べ）の農地があり、こうした農業が残っているのは、他の工場地帯とは大きく異なる点といえた。

2　対象とする協働取組の概要[2]

　公害健康被害補償法によって、水島を中心とした地域は公害地域として指定され、1975年から1988年までの間に、4,000人近くの人が公害患者として認定された。しかし数年後、「公害は終わった」の号令のもと公害行政の後退がはじまった。そのため1983年に公害患者らはコンビナート企業8社を被告に提訴した。13年の長き係争の末1996年12月に和解が成立した。和解の中では「水島地域の生活環境の改善のために解決金が使われる」ことが両者の

合意となった。和解金の一部を基金に、2000年3月、公益財団法人水島地域
環境再生財団（みずしま財団）が設立された（2000年3月：岡山県許可、
2011年11月：公益認定）。

　みずしま財団のミッションは、水島地域の環境再生・まちづくりの拠点と
なることにある。すなわち「子や孫によりよい生活環境を手渡したいとする
公害患者らの願いに応えるために、また新しい環境文化を創生しまちの活性
化に貢献するために、そして二度と公害をおこさないために、住民を主体に
行政・企業など、水島地域の様々な関係者と専門家が協働する拠点となる」
ことが目指されている。みずしま財団は、2013年度（平成25年度）に環境省
「地域活性化を担う環境保全活動の協働取組推進事業」に採択され、続けて
2014年度（平成26年度）に継続採択された。

[2013年度（平成25年度）の取組]
　本取組の前提となる問題意識は次のとおりである。1970年代の激甚だった
大気汚染は一定レベルまで改善してきた。しかしこれまでの軋轢の歴史の影
響もあり、企業・行政・住民の意識や活動が個々に行われており、一体感が
なく、地域の将来が描けていなかった。企業は地域からの信頼を得られず、
行政は明確なビジョンを打ち出せず、地元団体の足並みがそろっていない。
このままでは、これまで各セクターが努力してきた歴史が未来に生かされず
に埋もれてしまうことが懸念された。この懸念を解消するために、水島地域
に暮らし、働き、学びあう人々による協議会をたちあげ、環境学習・教育旅行
の可能性を話し合い、水島地域の価値を再発見し、地域の未来についてビジ
ョンをともにつくることを目指したのである。

　具体的には次の3つを段階的に実施した。第1段階として、企業、行政、
地元団体、NPO、大学研究者等から構成される協議会を立ち上げ、顔の見
える関係を作る。第2段階として研修を実施し、解説の担当、体験学習の受
け入れの分担を行う。第3段階として、水島地域で行う研修の効果の共有と、
環境学習・視察受け入れの現状数やメニューの共有を合わせて、水島の未来

の可能性について対話する、である。

　協議会の参加者間には、さまざまな軋轢や情報ギャップがあることが予想された。このギャップを埋めるために採択団体は次の３点、すなわち、①互いに思っていることを聞くという姿勢を持ち、よく話し合うこと、②公害を克服してきた過去には、未来を担う人材を育てるための価値があることを共通に理解できること、③未来を担う人材の育成に地域全体でとりくむために各々が持つ資源を持ち寄ること、に留意しつつ進めることとした。

[2014年度（平成26年度）の取組]

　2013年度（平成25年度）に事業協議会をたちあげ、水島の学びの価値について対話を重ね未来ビジョンを作成した。しかし、2013年度（平成25年度）１年間の活動だけではその未来ビジョンが地域に広く共有されておらず、このままではビジョンの実効性が乏しいことが課題となった。そこで、2014年度（平成26年度）では①協働の土台を固める、②対話を進める・広める、③環境学習を実践する、を目標に、次の４点に取組んだ。

(1) 協議会の定期的な開催：目的や方法、実践した学習の効果の共有をする。

(2) 対話を進める・広める：「水島百選（いいとこ探し）」を地域の様々な主体へよびかけ、水島の良い所を再発見してもらうこと、それを共有する活動を通して、未来ビジョンについての関心を広げる。

写真 3-5　協議会キックオフ会議
（2013 年 8 月 19 日）

写真 3-6　まちづくりワークショップ
（2014 年 11 月 22 日）

（3）チームを組む：実践について、協議会メンバーと個別に相談し、それ
　　ぞれの強みを生かして、実施する。
（4）環境学習を実践する未来ビジョンを具体化するために各目標にあわせ
　　たアクションプランを作り、環境学習の実践を積み重ねる。

3　対象とする協働取組の協働ガバナンスの評価

　本節では、対象とする協働取組の協働ガバナンスの評価を行う。

（1）開始時の状況

　本事業において［協力あるいは軋轢の歴史］（開始時の信頼の程度）が協
働の阻害要因となってきたことは明らかである。過去の歴史から、企業と公
害の被害者の間には大きな「しこり」が残っていた。公害の被害者は言うま
でもなく、企業側にも公害反対運動の際につらい経験した人もいた。地域で
活動している団体も存在したが、それぞれ主体の活動は個々に行われていた。
［パワー・資源・知識の非対称性］については、各ステークホルダー間には
それぞれの専門性により情報や知識の差があった。すなわち、［開始時の状況］
として、公害による軋轢の歴史が影響を及ぼしており、さらに他の地域団体
とも協働関係がなかった。

　このような状況下でいかに［参加の誘発］がなされたのであろうか。次の
2点を指摘したい。第1に、各ステークホルダー間には協働を阻害する要因
はあったものの、共通して「みずしまをなんとかしたい」という気持ちがあ
った点である。過去の軋轢を乗り越えて新たなみずしまの姿を探索すること
に参加したいという共通の動機を各ステークホルダーが有していた。第2に、
採択団体であるみずしま財団がそれまでに積み上げてきた信頼である。みず
しま財団は、「患者会が和解の後に作った団体ということで当初は企業側が
構えることがあった」という。しかし、長年の活動により、開始時には企業
側と一定の信頼関係が構築されていた。「ゼロからやろうとしたら大変だっ
たが、財団の下積み期間があってこそ」企業側が協働の場へ参加することに

なったのである。

　採択団体は「環境学習を通じた人材育成・まちづくりを考える協議会」（以下「協議会」）を立ち上げた。協議会の立ち上げにあたっては、みずしま財団は、関係各主体を直接訪問し、協議会の趣旨や、目標等を説明し、また各主体が求めるニーズや希望を聞いたという。採択団体は、団体への信頼と、ステークホルダーの共通の想いをテコに、各主体を協働の場へ誘っていった、といえる。

(2) 運営制度の設計

　協議会は、企業・行政・住民団体・教育機関・環境NPOなどが一堂に会して、水島の地域での学びを通じた地域活性化について話し合う場であり、現在13団体から構成された。この協議会は運営制度の設計において様々な役割を果たした。

　まず［プロセスの透明性］を有する場としての設定である。採択団体は、協議会の目的と、どのようなプロセスで進行するかを参加者に初期の段階から明示している。協議会においては、企業、地元住民、自治体、大学、漁業協同組合、被害者の会としてのみずしま財団といった［広範なステークホルダーの包摂］が行われた。さらに、誰でも参加できる地域報告会、エコツアー等の開催により、学生や一般市民の範囲までステークホルダーの拡大を図った。

　［討議の場の唯一性］も確保している。一例として、これまで企業関係者は討議に参加することに躊躇があった。しかし本協議会には参加することとした。その理由について採択団体自身は「企業に一方的に行くのでなくて、場に来てもらったことがよかった。みんなで一緒に考えようというのが非常によかった」と分析する。協議会の企図は、公害被害者と企業間の利害が対立するコミュニケーションのスタイルから脱却し、新たな場を創設することにより両者を含む地域の対話を促すことにあった。その場とは、中立的であり、前向きな話ができる場である。中立的という点では、第三者的なファシ

リテーターを地域の外から招へいして座長として立てること、前向きという点では、みずしまの未来についての話をする場と設定した。この場の設定が、［討議の場の唯一性］を創出したといえる。

(3) 協働のプロセス

　［膝詰めの対話］に関しては、次に述べる複数の試みがなされた。まず、採択団体は、コンビナート企業、倉敷市環境学習センター、観光協会、観光課などへのヒアリングを行った。企業に対するヒアリングでは、工場見学の受け入れの現状、成果や課題を把握することを目的とした。ヒアリングを通じて、たとえば企業では「工場見学には多くの受け入れを行なっている一方、産業技術の紹介が中心であり、地域との連携には至っていない」ことがわかったという。またヒアリングにより直接会うことにより、協議会の取組を対象者に伝える効果があった。ヒアリングが［膝詰めの対話］の機能を果たしたといえる。加えて、電話連絡等による直接的なコミュニケーション、勉強会の開催等により［膝詰めの対話］が繰り返された。これらの試みにより、協議会への参加の誘発とともに、採択団体と参加者間の［信頼の構築］がなされたといえる。

　協議会は、地域の合意形成を専門とする、広島修道大学の教員を座長とし、この座長の進行により、ワークショップ手法等を用いて議論が進められた。協議会メンバーはワークショップで自身の意見を自由に述べる一方、討議を重ねながらみずしまの未来ビジョンをまとめあげていった。この発散と収束のプロセスを経ることで、メンバーには、事業に主体的にかかわる意欲が培われ［プロセスへのコミットメント］へとつながったと考えられる。そして、議論のプロセスで、メンバーの異なる立場や価値観が［共通の理解］として醸成されたと。さらに、「水島で活用できる人、もの、場所」を整理する議論の中で、水島の資源に関する［共通の理解］が醸成されていった。

　［中間の成果］として、平成25年では水島エコツアーの開催がある。ツアー開催に向けて、協議会メンバーはその役割分担や当日のスケジュールについ

図 3-2　未来ビジョンパンフレット（2015 年 2 月改訂版）

いて打ち合わせを重ねた。ツアーには41名の参加者があり、協議会メンバー全体で共有できる成果となった。さらに、協議会プロセスを通じて「水島の未来ビジョン」を協議し、「世界一の環境学習都市」というキーワードを発見し共有したことも、重要な［中間の成果］といえる。

　2014年度（平成26年度）は、協議会で話し合った内容をパンフレット「世界一の環境学習のまち　みずしま」にまとめた。協議会のメンバーからは「みずしまの良さを目に見える形にしたことは良かった」という感想も聞かれ、メンバーは皆パンフレットの完成を喜んだという。さらにパンフレットの配布は次の波及効果を生んでいる。学校単位で配布の協力があり、ある校長は、みずしま地域の校長会で紹介している。また子供が家に持ち帰ることで、みずしまについての親子の対話が生じている。つまり、パンフレットの作成と配布は、まちの未来にかかる広範囲の［共通の理解］と［中間の成果］を生じさせているといえる。パンフレットは、その後地域報告会の参加者の声や、協議会メンバーの意見をもとに改訂している。改訂版では、地域の皆がともに未来を創っていく協働をイメージしたイラストにし、マップのレイアウト、新しい学びのしくみ概念図と、学びのコンテンツを見やすく配置した。

（4）中間支援機能

　［変革促進］―採択団体は、過去の軋轢の歴史を乗り越え、みずしまの未来を創造する協議の場を創造した。さらに、未来ビジョンを策定することに

より、地域が一体となりみずしまの未来を創造するという変革を促進している。［プロセス支援］－採択団体は、協議会の設計、実施連絡、議事録の作成によりプロセスの支援を行った。また、プロセスの支援には、協議会座長とEPOちゅうごくの知見を活用している。たとえば協議会の対話が停滞した際に、座長、EPO、採択団体の３者が協議しながら、打開策を見つけていった。［資源連結］―採択団体は、異なる専門性を有する協議会メンバー等の連結により、知識、経験といった資源を連結した。みずしま財団は、漁業者や農業者にも積極的にアプローチし、小学生によるごぼう抜き体験プログラムの実施など、漁業者や農業者が有する知見を環境教育活動に連結している。加えて、岡山大学の教員を協議会に巻き込むことにより、協議会に研究の側面を導入し、議論を深化させている。岡山大学の教員は、商工会議所や議会ともネットワークがあり、本協議会について積極的に情報を発信している。［問題解決策提示］―協議会の座長は、「環境学習は社会を変えていくためのものである」との問題意識を有していた。このような明確な問題意識を有する人を座長にすることにより、協議会は方向性を見失うことなく、みずしまのビジョンを策定するに至ったといえる。

　協議会では、時としてメンバー間の文化や仕事の進め方の違いにより、摩擦が生じることもあった。一例として、協議会のメンバーの一人が、自主的に精緻なアクションプランを作った。しかし、他の協議会メンバーの賛同を得られず、アクションプランの実行に至らなかった。採択団体は、この原因を組織間でスピード感、実行に移すまでのプロセスが異なることにある、と分析した。そのためその後の協議会では、「決定方法などがばらばらな人が集まっているので、役割を固定化しすぎるのはそぐわない」ことから、「むしろ、情報共有を重ねていきながら合意点を探る方がよい」と提案し、協議会メンバーの納得を得られたという。合意点を探索する際には、環境学習の定義を広い概念でとらえ、どの点であれば、すべてのメンバーが納得し、乗れるかということを文書整理した。

　採択団体は、協働は、協議会の座長、EPOちゅうごくの協力があったか

らこそうまく進行した、と述べる。採択団体は、リーダーシップを地域外から招へいした座長にとってもらうことで、協働が進行すると考えたのである。協議会の議論が行き詰まった際に、EPOのアドバイスにより次のステップが見えたこともあったという。すなわち採択団体は、単独で中間支援機能を果たそうとはせず、積極的に他者の協力を活用していった。

4　考察

　2年間の事業到達点として、採択団体はインタビューにおいて以下の2点を挙げている。第1に、企業や地元関係者が協議できる協議会というプラットフォームを創り上げた点である。「これまで企業の人には歴史的背景もあって協議の場に入ってもらえなかった。しかし今回作った協議会に入ってもらって一緒に話す場を創れたことは大きな成果」であると認識する。

　第2に、協議会の成果としてのみずしまのビジョンの策定である。みずしまというと、これまではマイナスイメージが強かった。しかし、実際には良いところが沢山あるという前向きのイメージを打ち出すことができたという。ビジョンはパンフレットで明文化され、ステークホルダー間の［共通の理解］を高めている。さらにそのパンフレットの配布により、ステークホルダーが拡大していることも成果である。

　採択団体は、2年かけて、協議会において発散と収束を繰りかえすワークショップを行った。このプロセスが、協働のプロセスを循環させたといえる。さらに採択団体は、単独で中間支援機能を果たそうとはせず、協議を進めるために積極的に他者の知見と協力を活用していった。これは中間支援機能の分担ともいえ、過去の軋轢が大きいステークホルダー間の協働を実行する場合に有用な示唆を与えるといえる。今後の課題として、採択団体自身がファシリテーター役としての組織能力を強化し、その価値を対外的に認識させることが鍵となろう。この価値の可視化は、採択団体の財政的な基盤強化にもつながると考えられる。

5 中間支援機能を果たすための工夫

- 中間支援機能を果たすための戦術団体の信頼、丁寧な対話をテコに、ばらばらだった地域のステークホルダーを対話の場にあつめた
- 地域に開かれたオープンな場と、ステークホルダーのみが集まるクローズドな議論の場を両方設けることで、議論の深化と地域への共有（縦方向と横方向の伸長）を同時並行
- 単独で中間支援機能を果たそうとはせず、外部の専門的なファシリテーション機能、アドバイス機能を活用
- 地域ビジョンをステークホルダーで時間をかけて作り、それをパンフレットにすることで共有ビジョンを可視化
- 「中立」「前向き」を明確にうたう場を設置することで、過去の軋轢の歴史を乗り越え、地域の未来を創造する協議の場を創造

第3節　うどんまるごと循環コンソーシアム

- 2013年度（平成25年度）事業名：うどん県。さぬき油電化プロジェクト（うどんまるごと循環プロジェクトⅡ）
- 2014年度（平成26年度）事業名：うどんまるごと循環プロジェクト2014

1　背景 [4]

　2015年時点で、香川県は人口1万人当たり「そば・うどん店」数が5.60店と全国第1位である。香川県のうどん用小麦粉使用量は59,643トンで全国第1位である。すなわち、香川県では全国で最もうどんが生産され、また消費されているといえる。うどんは香川県の重要な観光資源であり、平成25年香

川県観光客動態調査報告（香川県 2014）によれば、香川県観光の動機は、「讃岐うどんを食べるため」が47.8％でもっとも多く、観光客の70.4％がうどんを食している。このような人気の一方で、本事業申請時点では、香川県内のうどん店・工場においては、年間3,000トン以上（小麦換算）のうどんが廃棄されていた。大きな製麺工場などでは出荷用のうどんを製造する際、ラインから落ちて不衛生となったもの、袋詰めの際に麺の両端をカットするときに出るものなど、製造工程で発生する残渣がでる。しかし、これらの残渣は、衛生的に販売や別の製品に作りかえるといった作業ができないため、廃棄物として処理されている。さらに、コシが命といわれる讃岐うどんは、店舗でゆでてから一定時間が経過した場合は廃棄されていた。

2　対象とする協働取組の概要 ⁽⁵⁾

　採択団体は、廃棄処分されているうどんや食品廃棄物は「資源」であるという新しい発想や価値観に基づいた構造と仕組みづくりが必要であると考えた。この仕組みを構築するために、自治体、企業、NPO、ボランティア等による「うどんまるごと循環コンソーシアム」を創設し、協働による新しい循環型社会づくりを進めるべく活動することとした。化石燃料の代替として、廃棄うどんを地産地消のバイオマスエネルギーとして地球温暖化防止に貢献することを大きな目的とした。こうした目的を達成しつつ、他の取組の指針となるような先進的なモデルを創り、香川県内外への普及を進めていくことを本事業の使命としたのである。

　プロジェクトの基本コンセプトは、「うどんをまるごと循環させる」ことにあった。「うどんでうどんを茹でる」「うどんからうどんを作る」を合言葉に、うどん残渣でバイオエタノールを作り店舗でうどんを茹で、バイオガスでうどん発電を行い、そこから出た残渣を液肥にして小麦の栽培に使ってうどんを作るという、まさにうどんの誕生から再生までを網羅するコンセプトである。この、うどんの世界で循環させるという発想で、小中学生への環境教育や食育の分野等での一般市民への普及啓発を進めた。「うどん県。それ

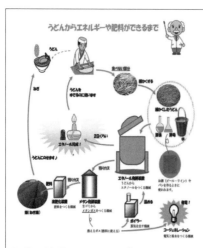

うどんからエネルギーや肥料ができるまで

うどん循環サイクルのプロセス

［収集・運搬］
1．廃棄されたうどん（生・乾燥）を工場から保管場所に輸送し、廃棄うどんを集積する。2．保管場所に置かれた廃棄うどんを回収し、バイオエタノール生成施設に輸送する。3．福祉施設や地域団体等が廃棄うどん回収の一工程に参画する。4．うどん燃料化のための粉砕作業

［燃料化・再資源化］
1．搬入された廃棄うどんからバイオエタノールやメタンガスを生成する。2．バイオエタノール及びメタンガスを生成後の残渣は液肥として生成して濾過する。

［燃料等の再利用］
1．生成されたバイオエタノールは、うどん製造工程の一部（ボイラー利用等）で化石燃料代替として利用する。2．メタンガスは化石燃料代替として利用する。3．濾過済みの肥料については、関係機関等と連携するなどし、商品開発を行い、商品化する。

図3-3　うどん循環サイクルのモデル図

出典：うどんまるごと循環プロジェクト2014（2015）

だけじゃない　環境県」を実現するため、多様な主体との協働・連携を図ることが必要との共通認識をもって事業を進めた。本事業におけるうどん循環サイクルのモデルは**図3-3**のとおりである。

　2013年度（平成25年度）は、学校や食育関係のイベント等において、出前授業等、「生活と環境全国大会」や高松市が主催する「ストップ！地球温暖化展」などでの普及啓発、外部講師を招いて、資金調達などの今後のプロジェクトの発展に必要な勉強会の開催などを行った。2013年度（平成25年度）の取組で、固定価格買取制度を利用した「うどん発電」による売電でプロジェクトの採算見込みは立った。しかし、プロジェクトの循環モデルを完全に創り上げるには、人員、財政面での基盤強化及び学校（教育委員会含む）や農家との連携の深化のための対策が必要であると考えられた。

　2014年度（平成26年度）は、次の取組を行っている。①一通りプロセス完成した循環システム・モデルを継続できるよう安定化させる。②現在最小限のメンバーで運営していることから、団体を面的に拡げていく（新規うどん店・農家等の参画）。③出前授業等の環境教育を通じて、「ゴミは資源である（になる）」という意識転換を図るため、ご当地の「うどん」を導入のための素材・入口にして、廃棄物はエネルギーに変えられるということを生徒に浸透させる。④自治体との協働取組を深化させ、「政策協働」に進む可能性を探る。

3　対象とする協働取組の協働ガバナンスの評価

　上述した背景と内容を踏まえ、本節では、対象とする協働取組の協働ガバナンスの評価を行う。

（1）開始時の状況
［2013年度（平成25年度）の取組］
　2013年度（平成25年度）の［開始時の状況］は次のとおりである。採択団体は、2012年（平成24年）に本プロジェクトを開始している。そのため採択団体は、2013年度（平成25年度）に本環境省取組事業に応募する時点で、ちよだ製作所の技術については知っていた。またNPOのキーパーソンとも知り合いであった。すなわち、［協力あるいは軋轢の歴史］（開始時の信頼の程度）としては、採択団体を中心に核となるステークホルダー間には事業開始時点で一定の信頼関係があったといえる。［パワー・資源・知識の非対称性］について、各ステークホルダー間に資源と知識の非対称性は存在した。しかしエタノール抽出技術を持つ企業、消費者団体、全体運営といった役割分担がステークホルダー相互で理解されていたため、資源と知識の非対称性はむしろコンソーシアムへの参加を誘発させる要因となっていたと考えられる。さらに、自治体からの要望もあり、うどんの廃棄物の問題に取組むという事業のコンセプト自体は当初から決まっていた。これより、2013年度（平成25

年度）時点における［参加の誘発と制約］については、当時のステークホルダー間では、制約よりも参加の誘発要因が強かったと考えられる。2013年度（平成25年度）の事業はバイオ発電を含み成功し、多くのメディアカバレッジを獲得した。うどん循環サイクルモデルは一巡したといえる。

　2014年度（平成26年度）事業における［開始時の状況］については次のとおりである。モデルが一巡した次のステップとして、本事業の使命である「新しい協働の循環型社会づくりを進め」、「他の取組の指針となるような先進的なモデルを創り、香川県内外への普及を進めていく」ことを達成するために、協働を面的に拡げていく必要性がでてきた。そこで新規うどん店、廃棄物業者、農家等の新たなステークホルダーの協働への参画が必要との認識に至った。

［2014年度（平成26年度）の取組］
　採択団体はステークホルダーの拡大に取組んだ。その結果、特に同業他社間の利害関係は複雑であり［協力あるいは軋轢の歴史］（開始時の信頼の程度）、採算性の見通しを確保するための競争意識により、ステークホルダーの拡大は困難であることがわかった。つまり、2014年度（平成26年度）の初期では、ステークホルダー間の関係が、コンソーシアム参加を制約する方向に働く要因が強いことが認識されたのである（［参加の誘発と制約］）。コンソーシアムを発展させるためには、うどん店の新規加入が必要であるとの認識があった。しかし現状としては、「うどん店・工場からうどん残渣等を回収することとなった場合、現行の廃棄物処理事業者と競合することとなり、利害関係からトラブルが生じるおそれがある」ことが懸念された。これが新規うどん店参画が進まない一因となった。そこで今年度は本場さぬきうどん協同組合の協力を得てうどん店へのアンケートを実施（69店中21店回収）したほか、さぬきうどん工場担当者からのヒアリングにより環境負荷及びエネルギー収支等の分析を行った。これを足掛かりとして、次年度はうどん店等の参画を促していきたいと考えた。すなわち、新規ステークホルダーとなるべき主体

間の関係が複雑に絡み合って、コンソーシアム参加への制約を生じさせていた。そこで、コンソーシアム関係者は協議を重ね、産業廃棄物事業者やうどん店へのアンケートを行うことで、［参加の誘発］に向けた突破口を開こうと試みたのである。

　協働のプロセスが［中間の成果］を得て一巡し、協働プロセスの二巡目、三巡目に向かうためには、ステークホルダーを拡大することが必要となる。しかし、それは新たな利害関係の協働への組み込みを意味し、事例が示すように簡単ではない場合がある。コンソーシアムでは、アンケート調査の導入等により、ステークホルダーの拡大に取組んでいる。本事例は、協働プロセスが循環してステップアップする際に、新たなステークホルダーを参加させる誘因として様々な工夫が必要となることを示唆している。

(2)　運営制度の設計

　［プロセスの透明性］について、コンソーシアムは、ゆるい連合体であり、会議は平日夕方などに行っている。会議は、2013年度（平成25年度）は2か月に1回程度行っていた。

　［広範なステークホルダーの包摂］について、2013年度（平成25年度）事業においては、事業を回すのに必要十分なステークホルダーは参加し、またそれぞれの役割分担も明確であった。例えば、ちよだ製作所の役割は、プラント管理、エコツアー等である。さぬき麺業は、廃棄うどん等分別、運搬、エコツアー等である。NPOグリーンコンシューマー高松は出前授業である。Peace of New Earth実行委員会は、出前授業、企画・運営・作業等である。香川県は環境教育（講座開設）等である。高松市はストップ！地球温暖化展での協力である。ボランティアは企画、運営、作業等である。うどん工場、店舗は廃棄うどん等分別等である。小中学校は、出前授業参画、液肥等を利用した野菜栽培等である。食育NPOは、液肥利用の普及啓発協力である。農家等は小麦、野菜等栽培への協力である。マスメディアは普及啓発ツールを用いた広報・周知等である。鍵となるステークホルダーとして、ちよだ製

作所の方で、技術と営業の担当のキーパーソンが参画していることが大きかったという。さらにこの循環モデルは制度的な設計が不可欠との観点から自治体（県）の積極的な巻き込みを図ってきた。

　本事業におけるステークホルダーの包摂で特徴的なことは、メディアの役割が明確に位置付けられ、また巻き込みが成功している点である。インタビューでは、採択団体はメディアとの関係について、「継続してメディアに露出するためには、新規性のみならず独自性のコンセプトが必要である。そのためストーリーをメディアと一緒に打ち出せる関係性を構築できるとよい。関係構築の工夫として、メディアの取材の際は自ら車で案内するようにした。移動時間中に話ができ、関係を築けるからである」と述べている。すなわち、単なる情報提供側、取材側という関係ではなく、メディアと双方向の関係を構築している点が特徴である。この関係構築が、年間50本に及ぶメディアカバレッジに貢献していることは疑いない。

　課題もある。ステークホルダーのうち、大学の研究者については、もともとは参加していたが、退職や異動により今は入っていない。今後は、事業のインパクトを可視化することができる専門の研究者に入ってもらいたいと考えている。また、［開始時の状況］でも述べたように、協働のプロセスが2巡目に入る際の、ステークホルダーの拡大には困難さを抱え、さまざまな工夫を行っている。

　［討議の場の唯一性］については、うどん発電がメディアに取り上げられることで、コンソーシアムの知名度が上がり、［討議の場の唯一性］が高まった。ステークホルダーの範囲が今後拡大できれば、［討議の場の唯一性］は一層高まると考えられる。

(3) 協働のプロセス

　2013年度（平成25年度）事業において、［膝詰めの対話］と［信頼の構築］については、主要なステークホルダー間ではこの段階は終えていたと考えられる。そのため、コンソーシアムの形成という［プロセスへのコミットメン

ト］から、コンセプトの［共通の理解］、モデルの一巡と一定の採算性の獲
得という［中間の成果］までは比較的スムーズに進行したと考えられる。と
はいえ［プロセスへのコミットメント］については、次の課題があった。ス
テークホルダー間の信頼関係はあったものの、１年目は方向性がばらばらだ
った。しかし、最初はオブザーバーであった香川県の職員が、プロセスに主
体的に加わるようになったことがきっかけで、コンソーシアムメンバー全体
の一体感と事業に対するコミットメントがでてきたという。採択団体は、県
に対して、環境教育などリスクの低い話から始めたことで、自治体が参加し
やすい雰囲気を作ったと分析している。［中間の成果］としては、コンソー
シアムの結成→燃料・肥料への利用の実装→発電事業の追加→売電といった
成果がある。また、メディアに多く取り上げられたことも［中間の成果］と
いえる。2014年度（平成26年度）では新たなステークホルダーの参画と事業
の面的な拡大をめざし、［膝詰めの対話］と［信頼の構築］を続けている。

（4）中間支援機能

　［変革促進］―次の４点を挙げる。第１に、採択団体は、「利益を上げるこ
とのみが目的では足りない。大きな目的設定が重要である」との意識から、
小麦を育てることから、うどんの生産、消費に至る全体の資源循環を一貫し
て提示し続けた。公益性の高いビジョンの提示は、プロジェクトが個別の採
算性に陥ることを避ける効果があり、地域の多様なステークホルダーを巻き
込んだ有形無形の変革を促進してきたといえる。第２に、複数の技術を有す
る主体の参画による、新たなビジネスモデルの実現である。ちよだ製作所は、
廃棄うどんを原料にエタノールを取り出す技術は本事業開始前から持ってい
たが、技術をいかに実装するかが課題だった。コンソーシアムに参画するこ
とによって、メタンガスから発電するまでのビジネスモデルを創造した。第
３に、本事業がステークホルダーの学びと行動変容を促している点である。
同製作所の担当者は、うどんエコツアーや施設見学で年間数百人の企業視察、
消費者団体を受け入れることによって、「環境教育が（自身の）新しい世界

を開いた」と述べているという。県は当初オブザーバー参加であったが、途中から事業に主体的にかかわるようになったという。第4に、本事業は、茨城県のさつまいもからの発電など、他の地域の［変革促進］も促している。

　［プロセス支援］─採択団体は、コンソーシアムの形成、運営を通じて、協働プロセスの支援を行った。［資源連結］─採択団体は、ちよだ製作所の技術、メディア、教育、消費者団体などを、うどん循環サイクルを通じて連結している。また、茨城県等県外地域とも連携することで、県外の資源を連結している。これらの［資源連結］により、新しい価値を生じさせているといえる。［問題解決策提示］─廃棄うどんからエタノールを抽出するだけでは、ちよだ製作所は採算が取れなかった。採算が取れなければ事業への参加を継続することは難しい。しかし、コンソーシアムの場で議論することにより、残りかすからメタンガスを抽出し、発電する目途が立ち、採算性を確保することができた。

4　考察

　これまでの2年間の到達点として、採択団体は次を挙げている（うどんまるごと循環コンソーシアム 2015）。

　「コスト収支（費用対効果）の改善と課題」─2014年7月より制度化された、再生可能エネルギー固定価格買取制度により、四国電力への売電が開始され、廃棄物処理費用が軽減されることから、ビジネスベースでは収支の改善が図られ、費用対効果の面でコスト収支が成り立つこととなった。

　「協働取組の推進による循環の仕組みの確立」─今年度は、うどん残渣由来の液肥を使って栽培した小麦粉を使って、エコツアーにおいて、ツアー参加者のうどん打ち体験で活用することができた。「うどんからうどんをつくる」という循環モデルの仕組みが確立した。

　「環境教育の推進」─香川県下の環境カウンセラー等の協力を得て、学校の花壇や菜園において、うどん液肥を利用して栽培する小学校が、少なからず増えてきた。また、香川県と高松市主催の環境教育の講座を担当する機会

を得て、広く当プロジェクトについて周知することができた。

　協働のプロセスについて、本事例で特徴的なことを述べる。まず、［開始時の状況］では、協働のプロセスが一巡し、二巡目に向かうためには、ステークホルダーを拡大することが必要となる。しかし、それは新たな利害関係を協働に組み込むことになり、事例が示すように簡単ではない場合がある。参加の誘因として様々な工夫が必要となる。［広範なステークホルダーの包摂］について、まず、メディアというステークホルダーが明確に位置付けられ、また巻き込みが成功している。また県の関係者が主体的に関わったことが、コンソーシアムへのステークホルダー全体の［プロセスへのコミットメント］を強化させている。

　採択団体は中間支援機能を次のように果たしている。［変革促進］については、循環型社会に向けたビジョンの提示を行っている。［資源連結］では、様々な団体の専門性を、うどん循環サイクルを通じて連結している。［問題解決策提示］では、採算性の取れる事業を、コンソーシ

写真3-7　米と小麦のバイオセッション（2013年12月19日）

写真3-8　県産小麦「さぬきの夢2009」栽培－兼業農家との連携－（2014年5月31日）

写真3-9　うどんまるごとエコツアー

アムの場で企業と協働で計画することにより、企業の参加の継続と、事業の継続を果たしている。

協働による［アウトカム（成果）］としては、目標達成に向けたステークホルダーの変化である。事業を共有していくプロセスを通じて単体の集まりよりも価値観の共有が飛躍的に上がったという。このことは、協働により、参加している各種ステークホルダーの意識変容が促進されることを示唆しているといえよう。

5 中間支援機能を果たすための工夫

- 全体のビジョンを一貫して自ら提示し、事業が個別の採算性に陥ることを避ける
- 従来では会えない層をつなぐことにより、ステークホルダーの学びと行動変容を促進。ステークホルダーのひとりである企業担当者は年間数百人の企業視察、消費者団体を受け入れることが、自身の新しい世界を開いた、と述べている
- 個別具体的なステークホルダーの関心事への対処（採算性が必要な主要ステークホルダーに対する解決策の提示）
- 競合するステークホルダーの巻き込みに向けたアンケート調査の導入
- ビジョンを提示し全体の方向性を一貫して示しつつ、各ステークホルダーの利益を資源連結によって満たし、全体の最適化を促進

第4節 （特活）グリーンシティ福岡

- 2013年度（平成25年度）事業名：九州自然歩道の管理・活用基盤整備事業
- 2014年度（平成26年度）事業名：九州自然歩道活用促進事業

1　背景 [6]

　「長距離自然歩道」とは、「四季を通じて手軽に、楽しく、安全に自らの足で歩くことを通じて、豊かな自然や歴史・文化とふれあい、心身ともにリフレッシュし、自然保護に対する理解を深めること」を目的とし、環境省が計画し、国及び各都道府県で整備している歩道である [7]。これまでに、九州・中国・四国・首都圏・東北・中部・北陸・近畿と 8 つの自然歩道が整備されている。そのひとつである九州自然歩道は、1980年に整備された。福岡県北九州市の北九州国定公園を起点とし、九州を一周する路線を有する。その距離は2013年12月 1 日現在で約3,000km（2,931.8km）である。九州自然歩道の過去10年間（平成14年～23年）の年平均利用者数は818万1,000人となっており、全国の長距離自然歩道の利用者数と比較しても、利用者数が多い自然歩道である [8]。

　九州自然歩道の最大の魅力は、九州 7 県を循環している点にある。起点・終点は福岡県北九州市の皿倉山であり、最南端の佐多岬を経由して九州を一周しているため、どの場所からスタートとしてもその地に帰ってくることができる。「西海」「雲仙天草」「阿蘇くじゅう」「霧島錦江湾」の各国立公園の他、4 の国定公園、30か所の県立自然公園を経由していることも魅力である。整備、管理運営の所管は県である。「九州自然歩道整備計画について」（昭和51年 3 月25日付け環自計第48号環境庁自然保護局長通知）を受け、国立公園内の九州自然歩道も含め、県が主体的に整備を行うこととなった。また、管理運営については、「九州自然歩道の管理運営について」（昭和51年 3 月25日付け環自計第49号環境庁自然保護局長通知）において、「各都府県内における自然歩道の管理主体は、当該都府県とする。」とされ、九州自然歩道の整備後の維持管理も県が主体的に実施することとなった。しかしながら、九州自然歩道は、整備から30年以上が経過し、管理の不備や施設の老朽化、利用情報の不足により、魅力の低下や利用者数の低迷が生じていた。また、一部に通行困難な箇所があった。

2 対象とする協働取組の概要⁽⁹⁾

九州自然歩道は諸施設の老朽化が進み、管理・活用のための取組が必要となっていた。しかしながら、行政による維持管理のみでは十分な取組ができていなかった。管理レベルが低下することにより、歩道の魅力が低下し、利用者が減っている。その結果、地域における歩道の位置づけが低下するという負の循環が生じている。この負の循環を断ち切り、正の循環に転換することが本事業の本務である。具体的には、九州自然歩道フォーラム設立趣意書にあるように、「九州の豊かな自然、歴史、文化、人をつなぐ、ナショナル・ロングトレイルの実現を目指して、設立する個人及び団体のネットワーク」である「九州自然歩道フォーラム」を通じて、「歩くことで地域の自然と人とふれあい、その土地を愛すること。そこに暮らす人々も故郷の魅力を再認識すること。共に自然への思いを深め、人と人とが支えあう『絆』のトレイル。そんなトレイルを目指して、地域・ボランティア・関係団体・行政の密接な連携により、基本指針に沿って九州自然歩道の再生に取組む」ことがミッションである。

2013年度（平成25年度）の協働取組事業では、環境省、各県、NPO等との情報共有を通じ、個々のセクターのみでは困難な、利用者の視点に立った情報発信等を行い、九州自然歩道の利用者数や認知度を上げていくことを目的に、次を行った。

図3-4　九州自然歩道

環境省　九州自然歩道ポータル（http://
kyushu.env.go.jp/naturetrail/）

- 協議会の開催：九州自然歩道フォーラムミーティング（３回）
- 調査事業：23の県や関連団体へのヒアリング
- 利用者に対するアンケート調査（35回答）
- 基盤整備事業：おすすめコースの設定（36コース）
- 普及事業：ウォーキングイベント（１回）、保全活動イベント（１回）

　上記事業によって、２点の課題が明らかになった。すなわち、第１に情報発信では個々の登山ルートや観光ルート等のマップはあるが、九州自然歩道を主題とした情報が少ない点である。第２に、九州自然歩道の利用者の声が管理者にほとんど届いていない点である。そこでは「管理者と利用者の相互のフィードバック」を行う仕組みが弱いことが重要課題として抽出された。

　そこで、2014年度（平成26年度）事業では、九州自然歩道の管理者から利用者までさまざまな場面での「対話の場」を創出・強化することで、九州自然歩道管理・活用両面での活性化を促進させることを目的として、次の３つを立案した。

- 環境省、各県、沿線の104市町村、各地域で活動するNPO、そして利用者等、多様な主体を結びつけ、相互の対話を生み出す仕組みとして、協議会（九州自然歩道フォーラムミーティング）やウォークイベントの開催、通信誌の発行、踏破認定制度など、複数の手法・手段を活用する。
- 管理者と利用者の相互交流を促進することで、多様な主体が一体となった九州自然歩道の活性化を実現することを目指す、である。
- 具体的な活動としては次の通

写真 3-10　第２回第九州自然歩道ウォーク—日本最古の山城 基山—

写真3-11　第3回九州自然歩道
ウォーク―秋のくじゅう坊ガツル編―

写真3-12　九州自然歩道通信

写真3-13　第6回九州自然歩道
フォーラムミーティング

写真3-14　第7回九州自然歩道
フォーラムミーティング

りである。①「通信誌の発行」「踏破証制度の構築」、「協議会の開催」「ウォークイベント」「ホームページの強化」を行い、互いの活動や意見等を交換して、活発な九州自然歩道の管理・活用を促す。②年間3回の通信誌を発行する。③踏破証制度は、スルーハイクのみでなく、一定距離例えば1県制覇や前年度事業で選定したおすすめコースの制覇等を設定し、ネットやGPSを活用して、踏破記録及び感想等を提供いただく。オリジナルワッペンを製作し、記念品のメイングッズとして、踏破した人に贈呈する。④九州自然歩道フォーラムミーティングにおいて、踏破証制度や通信誌についての協議を行い、ブラッシュアップを行う。⑤環境省の定めた「全国・自然歩道を歩こう月間」に合

わせてウォークイベントを開催する。⑥既存の九州自然歩道フォーラムのHPのコンテンツを整理・強化し、ルートや周辺の使用者が求める情報発信や利用者からの情報提供を行いやすいようにする。

3　対象とする協働取組の協働ガバナンスの評価

　上述した背景と内容を踏まえ、本節では、対象とする協働取組の協働ガバナンスの評価を行う。評価にあたり、協働ガバナンスに影響を及ぼす、本事業に特有の2条件を述べる。第1に対象地が広域である点である。自然歩道は7県にまたがる。そのため現地視察や市町村、NPOらと直接面談して関係づくりを行う場合、交通費・人件費などの費用面からも、また時間の調整という点からも簡単ではない。第2に、ステークホルダーが多数であり多様である点である。実際に歩道の管理業務に携わっているのは沿線各市町村であり、その数は104市町村にのぼる。さらに、それぞれの地域に各種NPO団体が存在する。歩道の利用者も多種多様である。協働ガバナンスでは、［膝詰めの対話］の重要性、すなわち実際に顔を合わせ、対話をする重要性が指摘されている。本事業は、ステークホルダーの広域性と多数性により、［膝詰めの対話］をステークホルダー全体と頻繁に行うことが困難である。この困難を克服し、協働ガバナンスをいかに回すかが、本事業における協働取組の成否を左右するカギといえた。

（1）開始時の状況

　［パワー・資源・知識の非対称性］―管理者としての県、自治体と、歩道の利用者間で、歩道に関する知識には差があった。また、県ごとに歩道の状況は異なり、また、管理者の歩道整備への意欲も異なっていた。［協力あるいは軋轢の歴史］（開始時の信頼の程度）について、採択団体は当初、管理者側から歩道利用者への情報発信の強化に特化して考えていた。しかし、2013年度（平成25年度）事業を進めるうちに、管理者と歩道利用者間の関係が弱く、双方向の流れが足りないということが明らかになった。そこで、管

理者側から利用者への一方向の情報提供のみならず、利用者の声も管理者に届くことが必要であると考え、運営制度の設計を修正している。

(2) 運営制度の設計

　[討議の場の唯一性] ——九州自然歩道フォーラムは、都道府県、セクターの枠を超えることで高い場の唯一性を確保した。フォーラム設立以前は、自治体の範囲を超えて、県、市町村の管理者側の人々が集まる場は存在しなかった。さらに自治体ごとに担当課が環境課系、観光課系など異なっていることも、自治体間の横の連携を難しくしてきた。しかしながら、フォーラムという、行政でもなく、また特別の自治体に特化していない中立的な場の設定が、自治体や課が、従来の枠を超えて横につながる可能性を広げたといえる。さらにフォーラムは、多種類のステークホルダーが参集する場であり、協力して活動できる場である。単独のNPOだけではできず、地域のNPOだけでもできない活動を行うことができる。換言すれば7県、市町村を横に連携できる場であり、かつ、地域のNPOなどの多様な主体を集めることができる [広範なステークホルダーの包摂] を可能とするフォーラムが、場の唯一性を高めているといえる。

　[明確な基本原則] については、九州自然歩道フォーラムの設立趣意書が挙げられる。趣意書では九州自然歩道再生にあたっての基本指針が、①ロングトレイルのあり方、②ロングトレイルの目的、③整備、維持管理、活用の3つの観点から示されている。たとえば、① 「ロングトレイルの在り方」においては、「多様な利用者のニーズにこたえるトレイルとする」、「地域・ボランティア・関係団体・行政との緊密な連携のもとにトレイルづくりを行なう」、「それぞれの地域・自治体は、個性は出しても必ず全体像を意識する」などが示されている。② 「ロングトレイルの目的」では、「豊かな自然や歴史文化を地元の方が再認識し、故郷への誇りを持ってもらうことを意識する」、「生物多様性を基盤とし、保護と利用の両面から管理するシンボル的存在とする」ことなどが示されている。③ 「整備、維持管理、活用」では、「維持

管理活動は、国・県・市町村・関係団体の協働で行う」、「利用促進にあたっては、地域・ボランティア・関係団体・行政の協働で行う」ことなどが示されている。この基本指針は、ホームページでも公開されている。さまざまなバックグラウンド、関心を持つステークホルダーの意識を合わせるためにも、このように基本理念と目的また役割分担を明文化し、またそれを常に参照できる状態にしていることは有効である。

(3) 協働のプロセス

　［膝詰めの対話］・［信頼の構築］──本事業の条件である、広域性、ステークホルダーの多数性をカバーするための工夫として、九州自然歩道フォーラムミーティングにおける対話と、通信誌「九州自然歩道通信」の発行がある。まず、フォーラムミーティングは、県を変えて年に数回行われる。ミーティングでは、各地で活動しているフォーラムのメンバーをはじめ、各県の担当者や環境省の担当者・レンジャー、他地域の長距離自然歩道の利活用に携わる者も参加し、互いに自己紹介と活動の近況を共有している。採択団体によれば、フォーラムミーティングは「日ごろメーリングリストなどでやり取りはしているものの、直接会って話すほうが伝わりやすく、互いに共感しやすい」という効果がある。各地で共通のテーマ（たとえば「歩くこと」）の連携がフォーラムミーティングの話題に上がるなど、新たなプロジェクトのアイデアを交換する場ともなっている。

　次に、紙媒体による通信誌「九州自然歩道通信」は、［膝詰めの対話］から［信頼の構築］、そして［プロセスへのコミットメント］の動きを作り、協働のプロセスを回すための工夫と考えられる。通信は年に3回発行され、県や市町村の関係自治体、NPO、会員、メディア、企業など190か所に向けて送付されている。通信は、九州自然歩道フォーラムメンバーの活動や県・環境省の取組を掲載している。送付先からは市町村における取組やイベント情報等を返信してもらい、次号に記載している。紙媒体による通信は、ホームページとは違い、さまざまな環境下でも安定して閲覧できる点に優れてい

る。多数のステークホルダーを紙面で紹介し、各地のイベント情報を掲載することにより、各地の団体とのネットワークを構築する媒体となっている。つまり、通信は、本事業の条件である、広域性と多数のステークホルダー間のネットワークを克服する手段として活用されているといえる。

　［中間の成果］一歩道の危険度ランクの設定は、協働ならではの成果物である。危険度ランクの設定は、管理者としての行政だけではできない。登山の知識に乏しい人が担当者になる場合があるからである。一方、民間の団体は登山の知識は豊富でも好きなところしか見ないため、全ルートを平等に見る視点が欠けがちであるからである。行政と民間が一緒に活動してこそ、自然歩道全体の状況を把握することができる。管理者の視点と利用者の視点を統合する危険度ランク設定は、この事業の重要な中間成果のひとつといえる。

（4）中間支援機能

　［変革促進］として、従来存在しなかった、7つの県、市町村が担当課などを超えて横に連携できる場であり、かつ、地域のNPOなどの多様な主体を集めることができるフォーラム（場）を設定した点があげられる。行政でもなく、また特別の自治体に特化していない、中立的な場の設定が、自治体や課が従来の枠を超えて横につながる可能性を広げたといえる。さらにフォーラムは、各種メンバーが集まる場であり、一緒に協力して活動できる場である。単独のNPOだけではできず、地域のNPOだけでもできない活動を行うことを可能にしている。

　［プロセス支援］としては、九州自然歩道フォーラムミーティングの開催がある。フォーラムミーティングには、各地で活動しているフォーラムメンバーをはじめ、各県の担当者や環境省の担当者・レンジャー、加えて、他地域の長距離自然歩道の利活用に携わる人も参加している。さらに、通信誌「九州自然歩道通信」を通じて、協働のプロセスを進める支援を行っている。フォーラムミーティングと通信誌は、人や各地の活動をネットワークする点から［資源連結］の役割も果たしているといえる。

　［問題解決策提示］の例として、総務省による「国立公園における九州自然歩道の管理等に関する行政評価・監視2013年度（平成25年度）」では、利用者の分かりやすさや利便性に照らして環境省ポータルサイトの情報が足りない点が指摘された。この課題に対して、フォーラムは、利用者からの視点を提供するという役割が認められ、環境省からポータルサイトの改善に関しても相談をされるようになってきたという。さらにフォーラムのホームページは、環境省ポータルサイトからリンクされることになった。

4　考察

　採択団体は、これまでの2年間の到達点として、以下の4点を挙げている。
　第1に、九州自然歩道の整備と活用に向けた新たな窓口としての役割である。これまで、歩道に関しては、Ⅰ「整備」（国、環境省、県）、Ⅱ「管理」（市町村）の2つのレベルしか存在しなかった。しかし歩道を楽しむ利用者の視点に立てば、整備、管理に加えて、「利活用」のレベルが求められる。採択団体は、民間団体として、第3（Ⅲ）の利活用のレベルを作り、その窓口となり、かつⅠ、Ⅱレベルとの連携を推進してきた。第2に、ステークホルダーの認識変化の促進である。管理者と利用者の双方向の対話を進めていく中で、利用者側の普段の言動が変わることがあったという。管理者側も、利用者の声を聞くことで歩道整備に対する認識に変化が生じている。採択団体自身も、県と環境省と話をする中で、管理者側の気持ちや立場を理解し、利活用を進めるやり方を学んできたという。第3に、自然歩道が有する多面的な資源、価値がウォークイベントやフォーラムミーティングを通じて、物理的にも質的にも共有できた点があげられる。これは単独のセクターではなしえなかったことであり、フォーラムだからこそできたことである。第4に、九州自然歩道の一般的な認知向上である。採択団体は西日本新聞(70万部発行)に「あるこ！〜九州自然歩道の旅〜」を題する記事を毎月連載した。登山系の著名なSNSに九州自然歩道が入る予定もある。環境省のホームページである、九州自然ポータルサイトに、フォーラムへのリンクが張られれば、歩道

の認知を向上させるであろう(10)。

　採択団体は、広域性、ステークホルダーの多数性という本事業に特有の条件をカバーし、協働のプロセスを進行させるために様々な工夫を行った。工夫例として、九州自然歩道フォーラムミーティングにおける対話と、通信誌「九州自然歩道通信」の発行がある。ミーティングでは、各地で活動しているフォーラムのメンバーをはじめ、各県の担当者や環境省の担当者・レンジャー、他地域の長距離自然歩道の利活用に携わる者も参加し、互いに自己紹介と活動の近況を共有している。紙媒体による通信誌「九州自然歩道通信」は、［膝詰めの対話］から［信頼の構築］、そして［プロセスへのコミットメント］の動きを作り、協働のプロセスを回すことに役立っている。

　今後の課題としては、［討議の場の唯一性］の維持と強化があげられる。採択団体は、広域性を協働の阻害要因としつつも、逆に「広域性はダイナミックさやロマンを感じさせるポイントであり、そのスケールに見合った協働やネットワークの在り方を探索したい」と述べる。フォーラムは、［広範なステークホルダーの包摂］性、中立性という点で高い場の唯一性を有する。今後は他団体の活動と連携しつつ、場の唯一性を高めることが、本協働が継続・発展するための鍵となるであろう。そこでは、広域性という特徴を生かして、フォーラムが提供できる独自の価値をいかに可視化できるかが問われるであろう。

5　中間支援機能を果たすための工夫

- 地理的な広域性と多数のステークホルダーが存在する特徴に合わせた、通信誌の発行と活用、紙媒体の利点活用
- 中立的な場の設定と広範なステークホルダーの包摂による参加の誘発
- 設立趣意書による基本理念と目的の明文化
- 役割分担の明文化、またそれを常に参照できる状態に
- なかなか会えないからこそ、会って会議を行うことの貴重性、有益性の創出

第5節　（一社）小浜温泉エネルギー

- 2013年度（平成25年度）事業名：小浜温泉地域における温泉資源を活用した低炭素まちづくりと持続可能な観光地域づくりへ向けた協働取組事業
- 2014年度（平成26年度）事業名：小浜温泉地域における温泉資源を活用した低炭素まちづくりに向けた協働取組事業

1　背景 (11)

　長崎県雲仙市にある小浜温泉は、国内初の国立公園ならびにジオパークを有する島原半島の西端に位置している。歴史は古く、1300年前の肥前国風土記に記載があり、江戸時代ごろから本格的に湯治場として整備された。小浜温泉は島原半島にある３つの泉質が異なる泉源のうち熱源であるマグマだまりに最も近く、約30の源泉から最高105度の高温の温泉が１日に約15,000トン湧き出している。

　このように極めて恵まれた温泉資源を有するにもかかわらず、小浜温泉では温泉の７割がそのまま海に排出されてきた。捨てられている温泉熱の価値は年間103.56億円といわれる。これまでにも、この資源を有効活用しようと、自治体等によって地熱発電などの検討が行われてきた。しかし新たな地熱開発による湯の枯渇を恐れた地元の反対などにより、なかなか実現に結びつかなかった。その後2007年から長崎大学が中心となり、新たな掘削を伴わない未利用温泉熱の活用について、地元関係者との協議が行われた。その結果、未利用温泉熱の活用のためには、地元と産学官が連携した協議会を設立して、意見集約や合意形成を行っていくべきとの結論に至った。これを受け、2011

写真 3-15　小浜温泉バイナリー発電所　　写真 3-16　発電所見学ツアーの様子

年 3 月、「小浜温泉エネルギー活用推進協議会」が発足した。さらに同年 5 月には、協議会で検討した内容を実現していくための実行組織として、「一般社団法人　小浜温泉エネルギー」（以下小浜温泉エネルギー）が設立された。同年には、環境省の温泉発電実証事業が開始され、2013年には「小浜温泉バイナリー発電所」が開所し、実証実験が開始されている。

　温泉熱を使った発電については、本事業の採択団体である小浜温泉エネルギーが中心となり、実証実験が開始されるに至った。しかし、小浜温泉の資源は温泉だけにとどまらない。この地域は豊かな自然資源と歴史的遺産に恵まれている。しかしそれらを観光や自然エネルギーなどに生かし切れてこなかったという。小浜温泉の観光客数はピーク時の半数程度に減少しており、減少傾向に歯止めがかかっていない。若者は地域外に流出しており、住民の高齢化が進んでいる。

2　対象とする協働取組の概要 [(12)]

　豊かな環境資源を有効活用し地域を活性化するには、雲仙市の住民、NPO、自治体、企業などが一丸となった取組が求められる。しかしながらそのような取組はこれまであまり活発ではなかった。雲仙市は、2005年に 7 つの町が合併して誕生した。昔から小浜町以外の町はそれぞれ文化や主要産業が異なることもあり、雲仙市または島原半島全体が何かに協働で取組むと

いう機会が少なかったのである。

[2013年度（平成25年度）の取組]

　小浜温泉には、温泉、観光、環境などにかかる様々な団体が存在する。しかしこれまでは様々な団体間で協働する機会が少なく、単体の取組で終わることが多かった。さらに、環境に関して学ぶ素材やフィールドが周辺に多くあるにもかかわらず、地元の教育機関との協働が活発に行われず、環境教育に生かされることが少なかった。小浜温泉地域における環境活動の取組を、地域活性化につながる観光や地域住民の環境教育につなげることができていなかったのである。そこで、本事業は次の3点に取り組んだ。

- 単体で活動していた団体が協働する場（「小浜温泉まちづくり協働部会」（以下「協働部会」））を設立した。参加団体は、小浜温泉エネルギー、小浜温泉観光協会、環境活動団体、まちづくり団体、教育機関、長崎大学、雲仙市、長崎県などである。
- 協働部会では、小浜温泉地域における各環境団体の活動内容と目指す構想、協働取組事業の内容、環境保全活動をテーマにした観光事業を話し合った。ワーキンググループ（WG）では、環境系の「熱利用WG」と観光系の「体験型WG」でアイデア出しや問題点の共有等を行った。
- 協働部会で活動した内容や今後の構想について一冊の本「小浜温泉未来Book」にまとめ、小浜温泉の約1,500世帯に配布した。さらに、体験型WGで検討し、実際に受入可能な体験先をMAPに落とし込み、主要観光スポットへチラシを設置した。

　活動がもたらしたアウトプットは次のとおりである。発電所の視察者の受け入れ実績は2,437名であり、宿泊や食事などによる経済効果は約760万円（試算）であった。さらに、地域住民が環境について学び協議し、WGにおける

話し合いや環境イベントの開催などが行われ、地域活性化につながる地域住民と話し合いのプラットフォームができた。また小浜温泉の現状と未来の姿を「小浜温泉未来Book」にまとめ、協働部会メンバー間、市民と共有した。

[2014年度（平成26年度）の取組]
　平成25年度の協働取組事業は前述のような一定の成果をもたらした。一方で次の3つの課題が認識された。
　①住民間で協働する文化がいまだ確立されているとは言えず、小浜温泉地域における協働取組を加速化させるために協働取組の進行取りまとめ役が必要である。
　②協働取組事業における財務基盤と組織基盤が十分に確立されていない。
　③雲仙市役所との話し合いと協働取組や、市の施策への反映が十分に出来ていない。
　これより2014年度（平成26年度）事業では、小浜温泉地域の人たちと協働で「未利用資源の有効活用による低炭素まちづくり」と「環境と観光を結びつけることで、経済的に持続可能な循環型地域づくり」を行うこととした。具体的には次の5つの活動である。

● 小浜温泉地域における未利用の環境資源を有効活用することを目的として、地元の活動団体と地元の教育機関が連携協力し、環境保全活動と環境教育に力を入れた「観光事業の創出」と、地域住民に環境に関して「学ぶ場」と「活動する機会」を提供する。これにより環境と経済が両立した地域活性化につながる持続可能な観光地域づくりを目指す。

● 前年度の協働部会で集まった地域活動団体のネットワークを活かし、温泉を活用した低炭素地域づくり、さらにそれを基軸にしたエコツーリズムへの発展に向け活動する。

● 熱利用WGで、小浜温泉で実現可能な熱利用事業について具体的に話

し合い、2015年に事業を開始する準備をする。特に温泉熱を利用した観光農園や、発電所で利用した2次温泉水の入浴利用を優先的に検討準備する。

● 体験型観光WGで受け入れ態勢を整えた観光プログラムの運用を開始する。環境保全活動を体験して学び楽しむことができるエコツーリズムの展開へ取組、小浜温泉ならではの地域資源を活かした観光地として差別化を図り、アピールする。

● 地域における未利用資源の活用をテーマにした小浜温泉大学を開講する。

写真 3-17　プロジェクトの人気投票

写真 3-18　湯けむりアートイベント

写真 3-19　温泉木材実験の様子

写真 3-20　パンフレット「小浜温泉未来 BOOK

中核団体は、採択団体である小浜温泉エネルギーが務め、協働部会の運営を担った。中核団体の役割は、さまざまなプロジェクトの進捗状況等を常に協働部会で共有すること、ネットワークを拡大することにより事業を地域に波及させていくことにあった。その他の参加団体は、平等かつ公平な立場で協働部会やWGに参加することができることとした。

3　対象とする協働取組の協働ガバナンスの評価

　上述した背景と内容を踏まえ、本節では、対象とする協働取組の協働ガバナンスの評価を行う。

（1）開始時の状況

　これまでは、各種主体が個々に活動し協働の経験がなかった。すなわち、［パワー・資源・知識の非対称性］が著しく、［協力あるいは軋轢の歴史］（開始時の信頼の程度）が希薄であった。このような状況下で、採択団体はまず鍵となる人や団体をリストアップし個別訪問し、協働への参加をお願いした。それぞれの団体については、団体の活動内容や目標を記載するカルテを作成して情報を整理していった。核となる人や団体との連携ができた後、その人たちに新たな人や団体を紹介してもらい、参加者を拡大していった。［参加の誘発と制約］としては、採択団体によるこのような地道な関係構築が効果的であった。加えて、採択団体のメンバーは全員小浜温泉以外の出身者であり、これまでの地域のしがらみのない、いわゆる「よそ者」から形成されていたことも参加の誘発を招いたと分析できる。採択団体が地元のステークホルダーに話を聞いた際、「既存の組織では地位が高い人の発言力が大きく、決定もそれに沿ってしまう」との不満が聞かれたという。そして、そのようなしがらみがない、新たな討議の場に期待しているという声があったという。すなわち、よそ者によってつくられた新たな討議の場に参加することによって地域の課題が解決できるのではないかという期待が、各種アクターの参加の誘発を招いたと考えられる。

(2) 運営制度の設計

　［プロセスの透明性］については、協働部会の意思決定プロセスに着目したい。たとえば、協働部会においては105通りものアイデアを出すプロセスがあり、そこからWGを作るためにアイデアを絞るプロセスがあった。アイデアを絞るプロセスでは、机を取り払いフラットな場を創り、各自3票、興味のあるプロジェクトに投票する人気投票を行い、人気の高いプロジェクトからグループを形成した。その結果、次の3グループ、すなわち①参加型まちづくり、②木材・間伐材利用、③温泉熱利用事業、が形成された。協議の場において、自分の意見が無視されたと感じた場合、またプロセスが不透明であると感じた場合、参加者のモチベーションは下がり、その結果、［プロセスへのコミットメント］は低下する。しかし、意思決定のプロセスが公平で透明であれば、たとえ自分への利益が弱まってもその場の決定に従うことが指摘されている（Talbot, C. 2011）。この協働部会において、意思決定プロセスが透明であった点は、協働部会が地域のしがらみから離れて意思決定をしていることを明確に示すことにもなり、参加者のコミットメントを保つために極めて重要な要素であったといえる。

　［広範なステークホルダーの包摂］──採択団体は、新たな人や団体が活動への参加を希望する場合、特に制約は設けなかった。ただし条件としては、「いろいろ町のために考えている人、楽しいことをしたいと考えている人や団体」を積極的に誘っていったという。まず核となる人や団体には［膝詰めの対話］から参加を促し、その核を中心として、人から人への紹介を活用し広範なステークホルダーを包摂した。採択団体は「ここまでステークホルダーの範囲が広がるとは思っていなかった」と語る。参加者が別の参加者を紹介してくれるなど、団体が動かなくても勝手に人が巻き込まれていく状況が生じたのである。本事業は、地域のために何かをしたい、という比較的抽象度の高い思いを軸に、人のネットワークを介し［広範なステークホルダーの包摂］に成功した事例といえる。

　［討議の場の唯一性］──協働部会は、地元出身ではない人間が中心となっ

て運営していることによって、既存の組織間の利害関係が離れたところで議論ができるという強みを有していた。この強みを生かして場の唯一性を獲得したといえる。このことは、新たなステークホルダーの包摂にもつながった。またステークホルダーが拡大することにより、［討議の場の唯一性］が一層高まったといえる。つまり［広範なステークホルダーの包摂］と［討議の場の唯一性］が相乗効果を生んだといえる。

(3) 協働のプロセス

　［膝詰めの対話］・［信頼の構築］—採択団体は「協働プロセスで最も重要なのは、［膝詰めの対話］と信頼されている人からの紹介」と述べている。双方が信頼できる人の仲介により、仲介された者同士は信頼をゼロから醸成する必要はなく、ある程度醸成されている状態から始めることができた。また、ワークショップの議論を通じて、お互いに顔を合わせ、互いの考えや価値観を知っていったことも［信頼の構築］につながったと考えられる。

　［プロセスへのコミットメント］—参加者は協働部会における［プロセスの透明性］、［討議の場の唯一性］を通じて、協議の場の決定へのコミットメントを高めていったと考えられる。そして、議論を通じて協働部会の目的やWGの役割について［共通の理解］が形成されていった。加えて客観的な情報の収集によって［共通の理解］が形成された。たとえば「参加型まちづくりグループ」では、足湯を使っている観光客110人にアンケートを実施した。その結果、「足湯があれば何もいらない、ゆっくり過ごしたい」という意見が多いことが分かった。それまで当該グループはイベント開催に力を入れていたが、それよりもむしろゆっくりできる環境づくり、たとえばベンチを各所に置く、遊具を置くなどの方が観光客のニーズに合致していることが［共通の理解］として共有されたのである。これを受けて、グループの活動は、イベント重視よりも「ゆっくりできる環境づくり」「観光マップ作り」にシフトしていった。

　［中間の成果］としては、協働部会における議論の可視化（「小浜温泉未来

Book」)、ワーキンググループによる活動のスタートなどが挙げられるであ
ろう。さらに、雲仙市環境基本計画素案（2014）の中で、市民・事業者・行
政の協働が実現しているまち（協働の推進）が掲げられ、本協働部会が開催
されているEキャンレッジ（エコ・キャンパス・ビレッジ）が拠点として挙
げられたことも重要な成果である。

（4）中間支援機能

　［変革促進］は、「よそ者」による新たな人間関係の構築、既存のしがらみ
から離れた協働部会の場作りによって行われた。「参加型まちづくりグループ」
では、足湯を使っている観光客アンケートを実施した結果を用いて計画の変
更を行っている。このような客観的なデータ提示を用いた変革促進も行われ
た。［プロセス支援］については、協働部会やワークショップの開催がある。
プロジェクトのアイデア出し、投票によるテーマの絞り込み、やりたい人が
参加するシステム、という明確な意思決定システムとプロジェクトへのオー
ナーシップ促進の複層的なアプローチが特筆される。［資源連結］については、
これまで協働したことがなかった人々の間にネットワークを形成した点があ
げられる。温泉熱利用についても長崎大学等の科学者の知見という資源を連
結している。さらに「木材・間伐材利用グループ」で、地域に昔から伝わる
「知恵」（温泉につかった木材は強く、腐りにくい）という資源を連結してい
る。［問題解決策提示］では、地元のステークホルダーの意見をまとめ、地
域が目指すビジョンを可視化し、事業化に向けて取組んでいる点があげられ
る。

4　考察

　2年間の到達点として、以下の3点が挙げられる。第1に、既存の枠にと
らわれない集まりを作ることができた点である。地域内で似通った価値観や
問題意識を持つ人たちの結びつけの場として、新たなネットワークをつくる
ことができた。第2に、小浜温泉のビジョンを協働により作成し、実行に移

している点である。第3に地元自治体である雲仙市の変化である。雲仙市は当初は協働部会にはオブザーバー参加であったが、バイナリー発電所のパイロットプログラムがきっかけで、積極的に本事業に参加するようになった。雲仙市環境基本計画素案（雲仙 2014）の中では、市民・事業者・行政の協働が実現しているまち（協働の推進）が掲げられている。施策目標では「参加・協働による環境保全活動を活発にしよう」「市民・事業者・行政の協働による取組を進めよう」示された。その拠点として、協働部会が開催されているEキャンレッジが挙げられている。このように、雲仙市に本事業を核とした協働取組の効果が理解されたことは、事業が生んだ重要な社会インパクトと言えるであろう。

　本事業の協働ガバナンスにかかる特徴として、「よそ者」による協働の推進が功を奏しているといえる。採択団体のメンバーは全員小浜温泉以外の出身者である。すなわち地域のしがらみから離れたよそ者によってつくられた新たな討議の場に参加することによって地域の課題が解決できるのではないかという期待が、各種アクターの参加の誘発を招いたのである。

5　中間支援機能を果たすための工夫

- 「よそ者」であることを生かした新たな人間関係の構築、既存のしがらみから離れた協働部会の場作り
- 観光客へのアンケートといった、客観的なデータ提示による変革促進
- プロジェクトのアイデア出し、投票によるテーマの絞り込み、やりたい人が参加するシステムなど明確な意思決定システム。同時にプロジェクトへのオーナーシップ促進

第6節　事例分析のまとめ

1　協働ガバナンスの特徴

　本章では、（公財）公害地域再生センター（あおぞら財団）、（公財）水島

地域環境再生財団、うどんまるごと循環コンソーシアム、（特活）グリーンシティ福岡、（一社）小浜温泉エネルギーを対象に、背景、協働取組の概要の比較、協働ガバナンスの比較を行った（**表3-2**）。

　それぞれ協働取組における、協働ガバナンスの特徴についてまとめる。

　（公財）公害地域再生センター（あおぞら財団）は、公害資料館連携フォーラムを開催してきている。そのフォーラム開催の背景には、情報共有と共通理解の醸成、信頼関係の構築を目的としたヒアリング調査の実施に特徴が見られる。そして、協働取組事業を通して、全国ネットワークとしての［討議の場の唯一性］を確立した点にあるだろう。公害資料館連携フォーラムには、資料館だけではなく、地域再生を行っている団体、研究者、被害者団体が集まるだけでなく、2014年度（平成26年度）には、加害企業である神岡鉱業株式会社を、公害資料連携フォーラムにおける協働の場への参加の誘発を行っている。さらに、2009年に実施した富山でのスタディツアーは、あおぞら財団と三井金属鉱業株式会社との直接的な付き合い（お互いの敬意と学びに基づく）を可能にし、2014年度（平成26年度）の公害資料館連携フォーラムを有意義なものにさせている。全体として、協働ガバナンスを効果的に機能させ、公害教育を主軸にした「社会的学習」の機会を提供することにより、協働のプロセスを次にスパイラルへと進展させている点に特徴が見られる。

　（公財）水島地域環境再生財団は、2年かけて、協議会においてアイデアの発散と収束を繰りかえすワークショップを行った。このプロセスが、協働のプロセスを循環させたといえる。さらに採択団体は、単独で中間支援機能を果たそうとはせず、協議を進めるために積極的に他者の知見と協力を活用していった。これは中間支援機能の分担ともいえ、過去の軋轢が大きいステークホルダー間の協働を実行する場合に有用な示唆を与えるといえる。

　うどんまるごと循環コンソーシアムは、協働のプロセスが一巡し、二巡目に向かうためには、ステークホルダーを拡大することが必要となった例である。プロセスを二巡目に載せるためには、新たな利害関係を協働に組み込むことになり簡単ではない。参加の誘因として様々な工夫を行った。

表3-2 研究対象とする協働取組事例の協働ガバナンスの比較

要素		1.全国公害資料館ネットワーク	2.水島環境学習まちづくり	3.讃川うどんまるごと循環	4.九州自然歩道活用	5.小浜温泉資源活用まちづくり
開始時の状況	資源非対称性	(1) 被害者と加害企業の非対称性、(2) 公害資料館の地域の相違、(3) 地域の知見相違	(1) 被害者と加害企業の属性による対称性、(2) 専門性による情報や知識の差	(1) ちまたに製作所のエタノール抽出技術、(2) 地域ごとにおけるNPO、自治体、メディアの存在	(1) 広域性と多数性、(2) 歩道整備の状況・知識、(3) 管理する意欲の差、(3) 管理者間関係性弱い 道利用者間関係性弱い	(1) 温泉、観光、環境などにかかる様々な団体の存在ありリソースも協働の経験少なし（非対称性顕著）
	歴史	(1) 被害者と加害企業との軋轢、(2) 公害運動と被害補償の歴史的背景	(1) 被害者と加害企業の軋轢、(2) 公害運動と被害者側の一定の信頼関係の確保	(1) 採択団体を中心に各主体間の一定の信頼関係の確保	(1) 歩道整備の知識・意欲の差、(2) 管理者側の一方向の情報提供	(1) 7町合併、雲仙市誕生（2005年）、雲仙普賢岳・島原半島全体の協働機会少なし（協力の歴史希薄）
	誘発と制約	(1) スタディツアー（2009年富山、2010年新潟、2011年大阪）による参加の構築、(2) 参加・対話型学習会の構築、ヒアリング調査による多様な主体の参加・誘発 スタディツアー、富山において採択団体株と三井金属鉱業株株式会社との直接的な結び付きが可能	(1) 地域改善したいという共通動機、(2) 水島周辺における一定の信頼関係、(3) スタディツアーのみならず13回参加し誰でも参加可能な開催、(2) 誰でも参加可能な環境教育、学生、一般市民まで参加拡大	(1) 各主体の役割分担を相互に理解し、(2) うどん残渣対策の必要性（自治体からの要請）、(3) バイオ発電事業の成功によるモデル化（2013年度）、(4) 産業廃棄物事業者やうどん店へのアンケート調査による参加大・誘発、(5) 産業廃棄物処理事業者と組合は各種の参加制約	(1) 共に自然への思いを深め、人とトレイル構築の必要性（絆）による共通動機、(3) 九州自然歩道を主管とした委員会、歩道の少なさ、(3) 管理者を利用者の相互フィードバックを行う仕組みの弱さ	(1) 核となる人や団体には参加意欲を促し、その核を中心として、人脈を活かし広範なステークホルダー包摂、(2) 地域づくりに関心ある人・団体の参加促進（制約設けず）、場の唯一性高める
	利害者包摂	(1) 被害者、加害企業、研究者、活動家、学生などの巻き込み	(1) 協議会設置（企業、地元住民、自治体、大学、漁業協同組合、被害者の会と一定団体）、(2) 誰でも参加可能な開催、学生、一般市民まで参加拡大	(1) コンソーシアム設置（ちまた製作所、さぬき麺業、グリーンコンソーシアム高松、香川県、バイオマス、Peace of New Earth実行委員会、うどん工場、店舗、食育NPO、小中学校、農家、メディア、他）	(1) 九州自然歩道フォーラム設置による県、市町村、セクターを超えた包摂	(1) 県、市町村、セクターを超えた九州自然歩道フォーラム設置による唯一性
運営制度設計	場の唯一性	(1) 公害資料館全国ネットワーク構築、(2) 全国資料館連携フォーラム開催	(1) 環境学習を通じた人材育成・まちづくりを考える協議会設立	(1) メディア掲載によるどんまるごと循環コンソーシアムの知名度向上	(1) 県、市町村を超えた九州自然歩道フォーラムを設置による場の唯一性	(1) 小浜温泉エネルギー活用推進協議会、小浜温泉エネルギー株設立（2011年）、(2) 既存利害関係を超えて議論（よそ者による協働部会運営）
	基本原則	(1) 公害資料館連携フォーラムを世代間・世代内の学びと対話の機会として位置付け、(2) 「公害資料館連携フォーラム宣言文」に明記	(1) 協議会において一緒に考える対話の場にする、(2) みずしまの未来について話をする	(1) 地域の政策課題（うどん残渣の削減）に向けた改善	(1) 運営要綱による基本指針（あり方、目的、整備、維持管理、活用）の提示と役割分担の明確化	(1) 既存の利害関係を支えた地域づくりに関わる個人・団体の制約のない包摂、団体の提示による、参加型意思決定
	プロセス透明性	公共性、(2) 協働調査に基づくヒアリング集約配布	(1) 自治体の参画による公共性の向上、(2) 第三者的な地域共生としてファシリテーターの外から招聘	(1) 自治体・メディアの参画による公共性の向上	(1) 自治体、地方環境事務所の参画による公共性の向上、(2) 「通信誌」の発行、自然歩道通信による	(1) 協働部会の参画やイベントへの参加をアイデアを出す・校長プロセス、協議プロセスを通したモチベーション向上

協働プロセス／中間支援機能									
協働プロセス	**熟議・対話**	(1) 関係主体が協働できる関係性の構築、(2) ヒアリング調査の実施（コミュニケーションの手段）	(1) 多様な主体に対するヒアリング調査の実施（コミュニケーションの手段）	(1) 行政・企業・住民の関係をつなぐ、協働できる関係性の構築、(2) メディアと双方向の関係性構築	(1) 行政・企業・住民の関係をつなぐ、協働できる関係性の構築、(2) メディアと双方向の関係性構築	(1) 23の県・関連団体のヒアリング調査、(2) 九州自然歩道ミーティングにおける対話	(1) 熟議の対話の重視、信頼に基づく〈人の仲と包摂〉、協議プロセスの重視、価値観の共有	(1) 熟議の対話の重視、信頼に基づく〈人の仲と包摂〉、協議プロセスの重視、価値観の共有	
	信頼構築	(1) ヒアリング調査、電話連絡等による直接的なコミュニケーション、(2) 全国フォーラム会の開催	(1) ヒアリング調査、電話連絡等による直接的なコミュニケーション、(2) 勉強会の開催			(1) 九州自然歩道フォーラムにおける対話、(2) 通信誌『九州自然歩道通信』の発行	(1) 九州自然歩道フォーラムにおける対話、(2) 通信誌『九州自然歩道通信』の発行		
	プロセスへのコミット	(1) フォーラム開催（多様な主体的参画）、(2)「学びの要素」を入れ、「プロセスのコミット向上」、(3) 研究蓄積、実践者への価値の顕在化、共通理解の醸成	(1) フォーラム開催（多様な主体的参画）、協働による自己教育、(2)「学びのコミュニティ」、香川県環境職員の主体的参画による一体感、事業へのコミット向上			(1) 九州自然歩道フォーラムにおける対話、(2) 通信誌『九州自然歩道通信』の発行	(1) 協働部会の参加型意思決定プロセス（多様なアイデアを出す・絞るプロセス・協議プロセス）、その透明性確保、討議の場の唯一性確保しモチベーション向上		
	共通理解	(1) 議論プロセスを通した価値観の共有、共通理解の醸成、共文の共同作成	(1) 公害資料館連携フォーラムの参加を通し、メンバーの異なる立場や価値観の共有、共通理解マップづくりの議論			(1) 事業コンセプトの理解、メディアパッケージによる情報共有、プロセスへのコミット向上、共通理解の醸成	(1) 協議による協働部会目的やWGの共通理解向上、(2) 参加型モデルづくりグループによる観光客ニーズの把握と共有		
	中間成果	(1) ヒアリング調査（2014年度）の機会を活用し関係主体との中間成果共有、協働取組の価値の顕在化、共通理解の醸成	(1) 公害資料館連携フォーラム開催（異なる主体による対話・学習の場を確立）			(1) アンケート調査の導入による名会主体の巻き込み拡大（2014年度）、(2) モデルの一巡ごと一定の採算性の獲得（2014年度）	(1) 小浜温泉の現状と未来の姿を『小浜温泉未来Book』にまとめ共有（2013年度）、(2) 雲仙市環境基本計画素案における本取組の位置づけ		
	変革促進	(1) 公害資料館連携フォーラム開催（フィールドワークやWSのファシリテーション）	(1) 過去の軌跡の歴史を乗り越え、みずからの未来を創造する協議の場を創造			(1) 競合の立場を超えた資源循環、(2) 団体全体ビジョンと政策協働、(3) 他自治体への学びと変容の促進（茨城県の庭摩牙発）	(1)「よそ者」による新たな人と人間関係の構築、既存のしがらみから離れたネットワーク拡大による事業波及		
中間支援機能	**プロセス支援**	(1) 公害資料館連携フォーラム開催	(1) 協議会設計、連絡調整記録作成、(2) 協議会運営支援（協議会会長、EPOちゅうごくの知恵活用）			(1) コンソーシアム設立、(2) 協議会運営支援、(3) 自治体やメディアが参画しやすい場づくり	(1) 協働部会の運営、WS開催、プロジェクトの進捗状況の共有	(2)	
	資源連結	(1) 今日までの公害反対運動や環境教育の実践を通した信頼に基づく人脈の活用、ヒアリング調査による主体間の連結	(1) 異なる専門性を有するメンバー、農業者の知見有連携、(2) 岡山大学研究者の巻き込み、環境教育の連結			(1) 異なる主体の連携促進、知見有、ノウハウの活用	(1) 新たな資源に関する長崎大学等の科学者の知見、木材管理にかかる伝統知など		
	問題解決提示	(1) ヒアリング調査などの機会を活かした展示、事例に基づく解決策の提示	(1) 明確な問題提起を有する人を座長にすることによる地域づくりへの貢献			(1) 協議に基づく採算性確保（鹿案どんからメタンガス抽出・発電）	(1) 地元利害関係者の意見をまとめ、地域が目指すビジョンの可視化・事業化		

（特活）グリーンシティ福岡は、広域性、ステークホルダーの多数性という本事業に特有の条件をカバーし、協働のプロセスを進行させるために、工夫を行った。工夫例として、フォーラムミーティングにおける対話と、通信誌「九州自然歩道通信」の発行がある。ミーティングでは、各地で活動しているフォーラムのメンバーをはじめ、各県の担当者や環境省の担当者・レンジャー、他地域の長距離自然歩道の利活用に携わる者も参加し、互いに自己紹介と活動の近況を共有している。紙媒体による通信誌「九州自然歩道通信」は、［膝詰めの対話］から［信頼の構築］、そして［プロセスへのコミットメント］の動きを作り、協働のプロセスを回すことに役立っている。

　（一社）小浜温泉エネルギーの事業にかかる特徴は、「よそ者」による協働の推進が功を奏している点である。採択団体のメンバーは全員小浜温泉以外の出身者である。すなわち地域のしがらみから離れたよそ者によってつくられた新たな討議の場に参加することによって地域の課題が解決できるのではないかという期待が、各種アクターの参加の誘発を招いた。

2　協働ガバナンスにおける中間支援機能を果たすための工夫

　各採択団体は、それぞれの団体の特徴を生かし、協働ガバナンスの中間支援機能を担ってきた。事例からは、協働ガバナンスにおける中間支援組織としての工夫、あるいはコツ、のようなものが見える。

　5つの事例に共通している工夫は次のとおりである。

（1）団体に対する信頼をテコにしてステークホルダーの参加を促す

　まず、ステークホルダーの参集にあたっては、声掛けをする団体に対するステークホルダーからの信頼をテコにする点である。信頼は、団体の歴史、これまでの関係といったものから形成されることもあるであろうし、誠実で丁寧な対話や人間性といったこともあるであろう。

(2) 中立的な場の設定

　協議会、フォーラムと形態は多様だが、肝としては特定の利害に偏っていない場を設定し、それを明示するということである。水島財団の例のように、外部から専門家を招聘し、その専門家がファシリテーションを行うことは、その場の議論が公平中立に進むということを明示することにも役立つ。

(3) 共通の言葉の創出と明文化

　設立趣旨、ビジョンの文章化、通信といった、共通のことばの創出も共通している。これは関係者間の認識を共有するのに有効である。また、様々な意見が出る際に、活動のよりどころとなるものになり、協働ガバナンスの羅針盤の役割を果たす。

(4) 中間支援機能の共有

　中間支援機能については、採択団体のみが行うものではなく、その機能を共有することも有効な工夫である。開始時の状況でイニシアチブをとる団体に特徴があるように、協働ガバナンスのプロセスにおける様々な局面で、中間支援をとるに適した団体は異なる可能性があるからである。その見極めがつき、かつ権限を委譲できる団体が個人のネットワークを有することが、真に中間支援機能の能力が高い団体ともいえる。

(5) ビジョンの提示

　ビジョンの提示、あるいはビジョンを創造することの持続的な提案と場の設定。ビジョンにかかる議論、提示のタイミングは状況によって異なるかもしれない。例えば、九州自然歩道は、ビジョンを掲げそこに賛同する人や団体が集まるという順番である。一方で水島財団のケースでは、ステークホルダーと共にビジョンを作っていくプロセスそのものが協働ガバナンスの形成において不可欠であった。

(6) 場の唯一性の自己強化ループの創出

これまでには存在しなかった、異なるステークホルダーが集まり議論するという唯一無二の場の創設を企図することが極めて重要な工夫といえる。そればかりではなく、例えば共同宣言やビジョン共有により、その場の唯一性でのみ創出される価値の創出を生み出すことが、場の唯一性の強化につながる、という、場の自己強化ループを生じさせることも効果的な工夫であることが示唆される。

協働ガバナンスにおいての最初の一歩は、ステークホルダーが対話の場に参集することである。その［開始時の状況］においては、ステークホルダー間の敵対の歴史がある場合は、採択団体への信頼、あるいはステークホルダー間の共有の思いといったものをすくいとることをテコに、対話の場につかせることが有効と考えられる（あおぞら財団、水島財団の事例）。特に敵対する関係がないが、これまで連携関係になかった場合は、資源と知識の非対称性による相互補完、または既存の枠を超えた多様なステークホルダーが参集できる中立な場の設定をテコにするとステークホルダーは参集しやすいと考えられる（うどんコンソーシアム、九州自然歩道）。［開始時の状況］が、従来の地元の「しがらみ」により停滞している場合は、「よそ者」による新たな討議の場への期待が契機となる場合がある（小浜温泉エネルギー）。これより、特に開始時には、その状況により、中間支援を中心的に担う団体の適性は異なる可能性があることが示唆される。

3　考察

今回取り上げた5案件は、事業全体からすれば一部分である。しかし、5案件だけでも、協働取組がいかに多様な形を取るかが如実に示されている。このことは、事業主体が協働取組を進めるにあたっては、地域の多様性に応じて、［開始時の状況］を見極め、ステークホルダーを協働の場に誘い、［運

営制度の設計］を行い、［協働のプロセス］を回すための中間支援機能を果たし、社会的なインパクトをもたらす［アウトカム（成果）］を創出することが求められることを示している。さらに、事例に共通する［協働のプロセス］は、個々の要素（［膝詰めの対話］、［信頼の構築］、［プロセスへのコミットメント］、［共通の理解］、［中間の成果］）の相互作用は直線ではなく循環であり、要素の反復のプロセスであることが読み取れる。すなわち、協働取組を成功に導くための解は一つではない。事業主体には、現場の状況に応じて、協働取組を進める創意工夫が求められる。

　事業に共通する協働取組の［アウトカム（成果）］として、ステークホルダーの意識の変化をあげる。たとえば、うどんまるごと循環コンソーシアムでは、「事業を共有していくプロセスを通じて単体の集まりよりも価値観の共有が飛躍的に上がった」という。（特活）グリーンシティ福岡でも「管理者と利用者の双方向の対話を進めていく中で、利用者側の普段の言動が変わり、管理者側も、利用者の声を聞くことで歩道整備に対する認識に変化が生じた」という。また採択団体自身も、「県と環境省と話をする中で、管理者側の気持ちや立場を理解し、利活用を進めるやり方を学んできた」と述べる。これらは、協働取組が、採択団体を含むステークホルダーの学びの場として機能したこと（「社会的学習」）、そして協働することによって、ステークホルダーの意識変容が促進される効果があることを示唆しているといえよう。

注
（1）背景については、（公財）水島地域環境再生財団（みずしま財団）のホームページ「水島の歴史」情報を基に作成した。
（2）（公財）水島地域環境財団（みずしま財団）ホームページ「みずしま財団とは」、「成果報告書」「実証報告書」「中期計画シート（詳細版）」（2014年2月）、2013年度（平成25年度）と2014年度（平成26年度）の「協働取組カレンダー」をもとに作成。
（3）参考資料：みずしま財団ヒアリング（日時：2015年1月26日　場所：みずしま財団　ヒアリング対象者：藤原園子　塩飽敏史　聞き手：島岡未来子（早稲田大学））、みずしま財団協働取組事業「成果報告書」「実証報告書」「中期計画シート（詳細版）」（2014年2月）、「協働取組カレンダー、2013年度（平

成25年度)」、「協働取組カレンダー、2014年度（平成26年度)」

（4）うどんまるごと循環コンソーシアム資料（当時）、「うどんまるごと循環プロジェクト」ホームページ、香川県ホームページを参考に作成（データは2015年3月15日時点の情報）。

（5）「うどんまるごと循環プロジェクト」ホームページに基づき作成。

（6）総務省『国立公園における九州自然歩道の管理等に関する行政評価・監視　平成25年度』、九州自然歩道フォーラム　設立趣意書を参考に執筆した。

（7）環境省自然環境局国立公園課国立公園利用推進室ホームページ「長距離自然歩道を歩こう！」

（8）総務省『国立公園における九州自然歩道の管理等に関する行政評価・監視　平成25年度』

（9）グリーンシティ福岡　平成25年度、平成26年度「協働カレンダー」、採択団体ヒアリング（敬称略）
　　　日時：2015年1月8日　場所：グリーンシティ福岡事務所／ヒアリング対象：特定非営利活動法人　グリーンシティ福岡　福島優・志賀壮史／同席：澤克彦（EPO九州）／聞き手：島岡未来子（早稲田大学）を基に執筆した。

（10）現在はすでにリンク済である。(http://kyushu.env.go.jp/naturetrail/link.html)

（11）一般社団法人小浜温泉エネルギー「小浜温泉地域における温泉資源を活用した低炭素まちづくりと持続可能な観光地域づくりへ向けた協働取組事業　中期計画シート」平成26年12月、パンフレット「小浜温泉における温泉エネルギー活用の取組」、パンフレット「活用しよう！温泉エネルギー」(2014)、「小浜温泉未来Book」(2013) を基に執筆した。

（12）出典：採択団体ヒアリング（日時：2015年1月7日　場所：小浜温泉エネルギー事務所　ヒアリング対象者：一般社団法人小浜温泉エネルギー：佐々木裕　田中さゆり　山東晃大　井手大剛　同席：環境省九州地方環境事務所：古賀靖　柳場浩文、EPO九州：澤克彦　山内一平　聞き手：島岡未来子（早稲田大学）) 一般社団法人小浜温泉エネルギー「協働取組カレンダー」平成25年、平成26年度、小浜温泉エネルギー活用推進プロジェクト　ホームページ (http://obamaonsen-pj.jp/index.html)

第4章

協働ガバナンス・モデルの有効性：ワークショップ等での議論

　本章では、「協働ガバナンスにおける中間支援機能モデル」（佐藤・島岡 2014a）の有効性について、実際の事業に参加した主体による議論を示し、含意を抽出する。当事者の意見を集約することにより、現場における「協働ガバナンスにおける中間支援機能モデル」（佐藤・島岡 2014a）の有効性を推測すると当時に、実際の現場では何が課題になるのか、といった点を明らかにしたい。関係主体による議論は次の2つのワークショップにおいて実施された。第一に、平成25年度川崎市中間支援機能協議ワークショップ（2014年2月19日実施）、第二に、平成25年度全国EPO連絡会における中間支援機能（EPO）評価ワークショップ（2014年2月21日実施）である。

第1節　平成25年度　川崎市中間支援機能協議ワークショップ

　平成26年（2014年）2月19日に開催された川崎市環境総合研究所における協働と中間支援組織にかかる協議ワークショップ（以下、川崎市中間支援機能協議ワークショップ）の検討結果を述べる。本ワークショップでは、「協働ガバナンスにおける中間支援機能モデル（佐藤・島岡 2014a）の妥当性検証」、「中間支援機能を効果的・効率的に発揮するための配慮事項の抽出」をテーマに行った。このワークショップは、川崎市環境技術産学公民連携公募型共同研究事業『環境資源の有機的連携に向けた研究～持続可能なライフスタイルの選択に向けた消費者受容性・市民性・社会基盤・影響力行使に関す

Key Word: 川崎市中間支援機能協議ワークショップ、中間支援機能（EPO）評価ワークショップ、協働ガバナンスにおける中間支援機能モデル、有効性の検討、境界連結者

る総合的研究〜』の研究の一環によるものである。本事業は、平成25年（2013年）に川崎市内の地域における環境活動の活性化、持続可能な社会の構築にむけたライフスタイルの選択と転換を促す際に必要不可欠な、連携・協働プラットフォームと、中間支援組織の機能と役割に焦点を当て研究を実施した。中間支援機能の強化において、連携・協働プラットフォーム、協働ガバナンス、チェンジ・エージェントの理論研究を行うとともに、川崎市内の中間支援組織としてのアクト川崎、産業・環境創造リエゾンセンターの二組織の事例研究を深化させた。市外の事例研究として、四日市市と神戸市を取り扱った[1]。

　理論研究、川崎市内外の事例研究に基づき、年度末には、「中間支援組織の機能とその課題―社会変化と協働の担い手」と題する協議ワークショップを開催し、3年間の研究成果を深く関連づけた上で、ライフスタイルの変革における社会変化と協働の取組として、中間支援組織の役割・機能に着目し、関連する各分野を代表する関係者と率直な情報・意見交換を行った。とりわけ、中間支援組織が機能を発揮するためにはどうしたらよいのか、中間支援組織間の相互連携によって更なる機能強化が図れないか等について議論をすることを目的とした。平成25年度の最終報告書では、川崎市内の地域における環境活動の活性化、持続可能な社会の構築にむけたライフスタイルの選択と転換を促すための提案として、主として中間支援組織の機能と役割の強化についての具体的な提案を行った。

　ワークショップの参加者は川崎市内で活動する中間支援組織や、広域な中間支援組織の関係者14名である。その属性は、一般社団法人環境パートナーシップ会議、川崎市市民こども局市民生活部市民協働推進課、関東地方環境パートナーシップオフィス、地球環境パートナーシッププラザ、NPO法人産業・環境創造リエゾンセンター、一般社団法人地球温暖化防止全国ネット、公益財団法人かわさき市民活動センター、北海道地方環境パートナーシップオフィス、中国地方環境パートナーシップオフィス、ソフトエネルギープロジェクト、グリーン購入ネットワーク、地球環境戦略研究機関、NPO法人

日本NPOセンター、NPO法人アクト川崎（順不同）であった。

　協議ワークショップ開催事務局として、佐藤真久（東京都市大学）、島岡未来子（早稲田大学）、川崎市環境総合研究所から6名が参加した。川崎市中間支援機能協議ワークショップの目的は次の3点である。(1) 中間支援組織が抱える課題の抽出と解決策の検討、(2) 中間支援機能における課題抽出と、「協働ガバナンスにおける中間支援機能モデル」（佐藤・島岡 2014a）の妥当性の検証、(3) 中間支援機能を効果的・効率的に発揮するための配慮事項の抽出（中間支援機能の"肝"）である。ワークショップを通じて次の点が明らかになった。

1　川崎市中間支援機能協議ワークショップに参加した中間支援組織が抱える課題

　川崎市中間支援機能協議ワークショップの開催を通して、中間支援組織が抱える課題には、「組織内部」、「ステークホルダーとの関係」、「外部環境」において、多岐に渡る課題を抱えていることが明らかになった。「組織内部」の資源（人、モノ、お金、情報）に関しては、人材不足や不安定な財源、個人がもつ情報量の格差（情報の属人性）、ネットワークが属人的であり引き継ぎが困難、が指摘された。「ステークホルダーとの関係」にかかる課題としては、行政との関係では区分・行政方針に基づく活動範囲の制約、定期的人事異動によるそれまでの関係性や信頼の途絶、政策担当者との協働にかかる認識・理解・意識の格差が指摘されている。また企業との関係では、CSRと本業とのかかわりで連携することが困難、企業との連携方法がわからないとの指摘があった。他の非営利組織との関係では、（自身の組織ミッション達成への）思い入れが強すぎる場合に連携・協働が困難である、組織間の役割分担の不明瞭さが指摘された。「外部環境」の課題については、たとえば政策の頻繁な変成・方向転換により長期的視野に基づいた活動が難しい点が指摘されている。さらに公益法人制度における公益認定基準の縛りなどの制度的制約が与える影響も大きい。

2 「協働ガバナンスにおける中間支援機能モデル」の妥当性検証

　「協働ガバナンスにおける中間支援機能モデル」（佐藤・島岡 2014a）の妥当性検証を通じて、中間支援組織は［開始時の状況］、［運営制度の設計］、協働のプロセスのすべてにおけるプロセス支援の役割が重要である点が指摘された。とりわけ、プロセス支援にあたっては特に［開始時の状況］の把握が［運営制度の設計］に強い影響を及ぼす傾向があることに留意する必要がある。

3 中間支援機能を効果的・効率的に発揮するための配慮事項の抽出

　中間支援機能を効果的・効率的に発揮するための配慮事項の抽出においては、「協働ガバナンスにおける中間支援機能モデル」（佐藤・島岡 2014a）の各要素において、さまざまな配慮事項が指摘された。特に重要であるとされたのが、協働の［中間の成果］の共有に関連する事項である。すなわち、中間支援組織が、成果の顕在化、組織内外への成果の反映、アウトカム志向の協働のけん引役としての役割を果たすことが協働の肝と考えられている。さらに、具備すべき能力として協働のPDCAサイクルを回すことができる点が指摘された。また、中間支援機能を効果的・効率的に発揮するために中間支援組織に対する支援制度・支援組織の重要性も指摘された。このことは、中間支援組織そのものを支援する策についても検討していく必要性を示している。

第2節　平成25年度　中間支援機能（EPO）評価ワークショップ

1 開催概要と結果

　平成26年（2014年）2月21日に、地方環境パートナーシップオフィス（地方EPO）、環境パートナーシップオフィス（GEOC/EPO）、環境省地方環境事務所（REO）、検討会委員、アドバイザリー委員会委員、環境省等の計40

表4-1　全国EPO連絡会における中間支援機能（EPO）評価ワークショップ（概要）

- 開催日時：2014 年 2 月 21 日（金曜日）16:00-18:00
- 参加者：地方環境パートナーシップオフィス（地方 EPO）、地球環境パートナーシッププラザ（GEOC）、環境省地方環境事務所（REO）、検討会委員、アドバイザリー委員会委員、環境省を含めた計 40 名
- 開催場所：GEOC（地球環境パートナーシッププラザ）セミナースペース
- スケジュール：
  1. 協働取組推進事業における検討会の報告
     - 検討会における経過報告
     - 「協働における中間支援機能モデル」（佐藤・島岡、2014a）の共有と議論
  2. 協働取組推進事業における促進・阻害要因、伴走支援、事業設計における配慮項目の抽出
  3. 中間支援機能（変革促進、プロセス支援、資源連結、問題解決策提示）の評価項目の洗い出し

名が参加した中間支援機能（EPO）評価ワークショップ（以下、中間支援機能（EPO）評価ワークショップ）が開催された（**表4-1**）。本中間支援機能（EPO）評価ワークショップの目的は、協働の促進要因と阻害要因を抽出し、GEOC/EPO、地方EPOによる伴走支援、事業設計の在り方を討議することにあった。本章は、協働の中間支援機能に着目することから、協働の促進要因と阻害要因を中心にその結果を述べることとしたい。

2　協働の促進要因と阻害要因のモデルへの分類結果

　本中間支援機能（EPO）評価ワークショップの参加者からは、協働の促進要因と阻害要因について様々な意見が出された。それらの意見を、「協働ガバナンスにおける中間支援機能モデル」（佐藤・島岡 2014a）に当てはめ整理した。意見の主な点を次に述べる。

（1）開始時の状況

　協働の促進要因として、まず、「関係者との関係性が事業を始める前からよかった」、「コーディネート以前のヒアリングと調査の徹底」、「人材が上手くそろい、プロジェクトも円滑に進んだ」、「ベースとなる地域内の信頼関係」、「EPO（GEOC/EPO、地方EPO含む）との信頼関係の構築による地域に対するコミットメントのしやすさ」といった意見があった。これらは、協働の［開

始時の状況〕の要素、特にEPO（GEOC/EPO、地方EPO含む）とステークホルダー、あるいはステークホルダー同士がこれまでにいかなる協力、あるいは軋轢の歴史を持っていたかに分類できる。

協働の阻害要因として「組織風土（文化）の違いを越えられない」、「地域間の考え方の違い（慣習、風習などによる）」、「地域のしがらみ」が挙げられた。すなわち、地域や組織間の考え方や組織文化の違いが協働の阻害要因と認識されている。さらに、阻害する要因として「組織の体力の違い」、「各主体の協働に対する意識の少なさ」、「協議会内で、協働取組を進める当事者意識が不足していた」が挙げられた。

促進要因として指摘された「協働すべきテーマの創造、発見」、阻害要因として指摘された「活動基盤づくりに向けた強い意志が共有できていない（気運が不十分）」、「目的の共有が十分図られていない」点については、ステークホルダーの参加の誘発と制約にかかる要素である。また、促進要因として、「顔のきく地域パートナーの存在（理解者、協力者）」、「採択団体の地域の団体」、「連携メンバー外だが将来的につながる人（の存在）」、「中核人材が団体の中にいる」が指摘された。これらは関係する各組織において鍵となる人物が存在することが、協働の推進に不可欠であることを示している。

阻害要因としてあげられた「ステークホルダー組織内部の意識のズレ（トップと現場）」、「活動の広がり・発展に関する団体内の意見のくいちがい」、「団体内での意思の統一（ができていない）」、「中心主体の異動にともなうリーダーシップ、チャレンジ不足」、「EPO（GEOC/EPO、地方EPO含む）内部での意思の統一不足」についても挙げられている。

行政にかかる関与と協働の促進あるいは阻害要因については次の指摘があった。まず促進要因としては、「行政トップの理解」、「国の事業ということで行政などが聞く耳を持った」、「協働を行おうとしている行政に市民協働の意識がもともとあった」、「行政担当者の協働に対する意識づけ」、「支援前に自治体の総合政策、環境基本計画、市長の公約を確認して支援を開始した事」が挙げられた。他方、阻害要因として「行政の理解が異動で一気に変わる点」、

「環境教育がその自治体の優先課題になっていない、市長の公約にない。」、「行動計画策定・改定のタイミング（のずれ）」、「行政側の内部のあつれき」、「自治体のタテ割（具体的な事業内容が決まらないと、どの部署が出るか決められない）」、「地方公共団体の参加が不十分」である点が指摘された。これらは、環境省事業という、行政とのかかわりが深い協働取組事業に特徴的と考えられる。

（2）運営制度の設計

　［広範なステークホルダーの包摂］は、運営制度の設計に分類できる。たとえば「キックオフの会議を市の関係部署を巻き込む機会として利用した」、「自治体を巻き込んだこと（地域の課題・ニーズに合致した活動になる）」、「組織のトップと現場若手、別々の会議をした上で、合流した」といった指摘があった。

　促進要因として、仕様書上失敗を前提にしないことが、協働取組成立に一定のプレッシャーがはたらくという点が指摘された。他方、運営制度にかかる阻害要因として、「事業の趣旨が本当は理解されていなかった」、「ステークホルダーにプロジェクトのコンセプトやビジョンが伝わりきれなかった」点が指摘された。また、委託事業としての契約にかかる指摘として、「契約書などの団体への提示が遅く事業の負担になった」、「仕様書でしばると協働の発展性を阻害してしまう」、「資金調達方法・区分が事業内容の制約要件になってしまう」などが挙げられている。

　「そもそも協働がどこまで促進したか、評価が難しい」とする協働の評価が困難である点が指摘された。プロセスの透明性については、「実行委員会の設置は、関係者の意思疎通に役立った」という。「被支援団体が自由に動けるようにあまり口出ししない」、「途中で立ち止まって、計画を大きく変更した」など、柔軟な進行を可能とする設計が協働を促進するために重要であることも指摘された。

(3) 協働のプロセス

協働のプロセスにおいては、ステークホルダー同士が顔をあわせる［膝詰めの対話］が重要な促進要因となる。たとえば「正面からの話し合い」、「真剣に考える」、「団体のステークホルダーの巻込み方としてインフォーマルなミーティングが有効」である点が指摘された。

［共通の理解］については、「ニーズの共有」、「各主体のニーズ（複数の利益）が合致する取組」、「関係者間の共通目的・認識」、「目的意識の共通言語化（翻訳）」、「団体内（協議会）での事業の必要性についてのゆるぎない共有」、「共通の認識で人が集まる」が促進要因となる。

一方で、ステークホルダー間に目標（ゴール）の認識に齟齬があると、協働に向けた機運は盛り上がるものの、方向性を見失い、最初からやり直さなくてはならないという。

［中間の成果］についても複数の指摘があった。促進要因として、「協働取組が行われていることをメディアで取り上げられたこと」、「協働でひととおり事業を実施し、当事者は手ごたえを得ている」、「事業を実施することで団体の活動が進んだこと（予算がついたので）」、「メディアへの露出→支援した機関（NPO）とかが自分の成果としたい→積極的な関与（すすんで広報するとか）応援してくれた）」、「団体が上手に本協働取組推進事業を活用した。」といった指摘があった。しかし成果がステークホルダー間に平等ではなく「メディアに取り上げられることにアンバランスがあった」場合は、かえって協働の阻害要因となる。

(4) EPO（GEOC/EPO、地方EPO含む）の中間支援機能

EPO（GEOC/EPO、地方EPO含む）の中間支援機能については、伴走支援において次の課題が示された。「EPO（GEOC/EPO、地方EPO含む）の役割が中途半端」、「地方環境事務所の立場としてどのように支援していいか当初悩んだ」、「地理的に離れたところから伴走するのは大変」である。また、途中のスタッフの変更、事業計画の設定期間に関する課題など制度的要因に

起因する課題も示された。さらに、ステークホルダーの関係性では、「"言葉"が通じない（想い、感性の言葉が見える化できない）」、「地域のデリケートな利害関係にどこまでコミットするか」、「採択団体・事業との距離のとり方、関わり方が難しかった」、「環境省地方環境事務所（REO）・EPO（GEOC/EPO、地方EPO含む）は採択事業のステークホルダーなのか」といった意見があった。中間支援機能として［変革促進］、［プロセス支援］、［資源連結］、［問題解決策提示］にいかなる役割を果たしているか、いかなる機能発揮方法があるかについて次の意見があった。

　まず［変革促進］機能に資する支援手法として、「連絡会における専門家の辛口な意見」、「会議のもち方をかえる」である。事業を通じて学んだ心構えとして「支援事務局は観察者であること」、「中間支援のリーダーシップが先走らないこと（理想に燃えすぎない）」、「よそ者意識」、「効果的な助言（タイムリーな）」である。役割分担として、「どこまでが伴走なのか（支援なのか、指導なのか、こっちがどこまで示すか）」の識別である。［プロセス支援］機能としては、「相談対応」、「聴く、話す、協働作業（企画）」、また「アプローチするケース」と「受けるケース」がある点が指摘された。［資源連結］機能では、「外圧（外部の力）」の利用が、「外の意見にふれさせる。ex）連絡会に委員・GEOCに来てもらう。」である。「外部資金等リソースに関する情報提供」、「専門家（アドバイザリー）の派遣調整」、「エコプロ展など積極的広報によるもりあげ」が示された。［問題解決策提示］機能では、「ある程度、聞き手に徹すること」、「アドバイザーではなくカウンセラーに！」になること、「傾聴＆オウム返し、気づきを促す」点が指摘された。

3　協働の促進要因と阻害要因の論点抽出

　上記の分類をもとに、協働の促進要因と阻害要因にかかる論点を抽出した。

（1）開始時のステークホルダー間の関係は協働の成否に重大な影響を与える

　「関係者との関係性が事業を始める前からよかった」、「コーディネート以

前のヒアリングと調査の徹底」、「ベースとなる地域内の信頼関係」、「EPO（GEOC/EPO、地方EPO含む）との信頼関係の構築による地域に対するコミットメントのしやすさ」といった意見は、協働の開始時の状況、特に関係者間のそれまでの関係が良好であることが協働を促進することを示している。これは、開始時の関係者間の状況が、協働の成否に重大な影響を与えることを示しているといえる。

(2) ステークホルダー間のさまざまなギャップは協働の成否に重大な影響を与える

ステークホルダー間には、組織文化、考え方、地域しがらみの強度などのギャップが往々に存在し、協働の阻害要因となっている。さらに、「組織の体力の違い」、「各主体の協働に対する意識の弱さ」、「協議会内で、協働取組を進める当事者意識が不足していた」点も、ステークホルダー間の体力、意識、当事者意識といったギャップがしばしば協働の阻害要因となっていることを示している。すなわち、これまでの関係の歴史、組織間のさまざまなギャップを背景に、各ステークホルダーは協働に参加するか否かを決断している。そこでは、「協働すべきテーマの創造、発見」があれば協働への参加が誘発されるが、「活動基盤づくりに向けた強い意志が共有できていない」、「目的の共有が十分図られていない」場合は、参加への制約が生じると考えられる。

(3) 境界連結者（boundary spanner）の存在の重要性

促進要因として指摘された「顔のきく地域パートナーの存在（理解者、協力者）」、「採択団体の地域の団体」、「中核人材が団体の中にいる」点は、関係する各組織において協働の場に登場する人物が存在することを示す。その人物の特徴は「地域への顔がきく」、すなわちネットワークを有する、あるいは「団体の中核人物」である。また「連携メンバー外だが将来的につながる人」とは、将来団体の中核人物的役割を担うことが期待されている人物と

92

考えられる。ここで注目すべきは、その人物と中間支援組織が良好な関係を構築することが、協働の推進に不可欠であると考えられている点である。

　ここで示される中核人物とは、組織間関係論でいうところの、組織間の境界を連結者する役割（boundary spanning role）を果たす「境界連結者（boundary spanner）」を指していると考えられる。境界連結者は、自身の所属する組織の外の人々との接触に責任を有し、組織間の関係構築において中心的な役割を果たす。一般的に境界連結者は次の2つの機能を有する。第1に、自身が所属する組織と相手組織間の相互の影響力を伝達する機能である。第2に、組織の認識、期待、およびアイデアを他方の組織に示す機能である。

　境界連結者は、組織間の関係構築に不可欠な役割を果たす。しかし自身が所属する組織の期待と相手組織の期待の間に挟まれる困難な立場に置かれることが多い（Friedman & Podolny 1992）。なぜなら、たとえば境界連結者であるAが所属している組織（仮に組織Aとする）は境界連結者Aに組織Aの代表として、相手側の組織（仮に組織Bとする）側の境界連結者Bと対峙し、組織Aへの明確な忠誠を期待している。一方で、境界連結者Bは、境界連結者Aに、組織Bの主張を傾聴し反応し、組織Bの組織Aに対する対応策を支援し、さらには信頼と理解に基づいた関係を築くことを期待している。これらの組織Aと組織Bの境界連携者Aに対する期待は明らかに矛盾する。そのため、境界連結者Aには役割の葛藤が生じるのである。同様に、境界連結者Bにも同様の葛藤が生じていることは言うまでもない。

　この境界連結者が抱える葛藤は、組織のパフォーマンスに負の影響を及ぼし、不満足な結果、業務の遅滞、組織への不信感などのネガティブな影響をもたらすと考えられている（前掲、p.30）。川崎市中間支援機能協議ワークショップでは、協働の阻害要因として「ステークホルダー組織内部の意識のズレ（トップと現場）」、「活動の広がり・発展に関する団体内の意見のくいちがい」、「団体内での意思の統一（ができていない）」、「中心主体の異動にともなうリーダーシップ、チャレンジ不足」が指摘された。これらの課題は、

もともと境界連結者が自身の組織を代表できていない、すなわち不適当であったという課題を示唆している。しかし、境界連結者が本来的に抱える葛藤が協働の阻害要因になっているとも分析できるのである。

（4）行政の関与の度合いが協働に与える影響は大きい

　地方行政の関与が協働の促進あるいは阻害要因となる点が多く指摘された。そこでは行政の課題に対する認識とともに、協働に対する理解や参加の程度が影響していると考えられる。例えば「行政担当者の協働に対する意識づけ」は協働の促進要因となる。しかし協働への「地方公共団体の参加が不十分」である場合は阻害要因となる。さらに、行政の担当官の異動問題が指摘された。行政官は2年で異動するため、時間をかけて信頼や知識の共有を行っても、当該担当者が異動して新規担当者との関係構築を一からスタートしなければならない。必ずしも引き継ぎが行われているわけではなく、関係構築はふりだしに戻ってしまうのである。また、行政内の縦割り問題、部署間の対立の問題も指摘されている。中間支援機能（EPO）評価ワークショップにおいては、協働に対する行政の理解がある/あるいは不足しているとの両方が指摘された。このことは行政が市民との新たな関係を模索途上であり、自治体や地域によってさまざまな差がある現状を示しているといえよう。

（5）運営制度の設計が協働に与える影響は大きい

　すでに見てきたように、協働の開始時には、多様な過去の関係と多様なギャップを有するステークホルダーが存在する状況にある。これらのステークホルダーの協働の場への参加を誘発し、また参加の持続を促すために、たとえばワークショップで示された「実行委員会の設置」による関係者の意思疎通の促進など、制度の設計が重要になる。このようなステークホルダー間の状況は協働の進行に伴い刻々と変化すると考えられる。だからこそ「被支援団体が自由に動けるようにあまり口出ししない」、「途中で立ち止まって、計画を大きく変更した」などの制度の柔軟性も求められると分析できる。特に

環境省の事業に特徴的な設計として、環境省より事業申請者に委託するために、協働の内容についてあらかじめ仕様書で規定して契約する必要がある。協働ガバナンスは動態的なものであるが、この仕様書に縛られて協働の発展性を阻害してしまう可能性が指摘された。

(6) 協働のプロセスにおける直接対話、共通の理解、中間成果の重要性

　協働のプロセスにおいては、顔をあわせたひざ詰めの対話が促進要因となる点が強調されよう。［共通の理解］についても、「ニーズの共有」、「各主体のニーズ（複数の利益）が合致する取組」、「関係者間の共通目的・認識」、「目的意識の共通言語化（翻訳）」、「団体内（協議会）での事業の必要性についてのゆるぎない共有」、「共通の認識で人が集まる」が促進要因となることから、その重要性が指摘できる。

　［中間の成果］について複数の指摘があった点にも注目したい。たとえば「協働取組が行われていることをメディアで取り上げられたこと」、「協働でひととおり事業を実施し、当事者は手ごたえを得ている」、「事業を実施することで団体の活動が進んだこと（予算がついたので）」、「メディアへの露出→支援した機関（NPO）とかが自分の成果としたい→積極的な関与（すすんで広報するとか、応援してくれた）」、「団体が上手に本協働取組推進事業を活用した」は促進要因となる。

　しかし、「メディアに取り上げられることにアンバランスがあった」場合など、成果の分配が不公平であれば協働はかえって阻害されると分析できる。これより中間支援機能は、協働のプロセスにおける直接対話の促進、［共通の理解］の醸成、［中間の成果］の発見と公平な共有に重点をおいた活動が効果的と考えられる。

(7) 協働の評価指標設定の重要性

　「そもそも協働がどこまで促進したか、評価が難しい」のように、協働のパフォーマンス（業績）評価が困難である点が指摘された。業績を計る指標

の設定が困難であることは、川崎市中間支援機能協議ワークショップでも指摘されている。指標設定が困難な理由のひとつは、協働のパフォーマンスが定量的な指標のみでは測れない、定性的な評価指標をも必要とするためである。また、協働の目的や条件は各々異なるため、一律の成果指標を用いることは困難である。協働の成否を計るためにはこの困難さを何等かの方法で克服し、協働のPDCAサイクルをまわすマネジメントを実行すること、そして定量／定性評価指標の設定が求められているといえよう。

(8) 協働の目標と戦略のステークホルダー間の共有の重要性

　［開始時の状況］において「協働すべきテーマの創造、発見」は協働の促進要因となり、「活動基盤づくりに向けた強い意志が共有できていない（気運が不十分）」、「目的の共有が十分図られていない」場合は阻害要因となる。協働のプロセスにおいて「関係者間の共通目的・認識」、「目的意識の共通言語化（翻訳）」は促進要因となる。さらにステークホルダー間に目標（ゴール）の認識に離齬があると、協働に向けた機運は盛り上がるものの、方向性を見失い、最初からやり直さなくてはならない。これらの指摘は、ステークホルダー間で協働の目的とゴール（目標）を共有することが不可欠であることを示している。もっとも、開始時にはこれらが合意できていることはまれであり、まずは異なるステークホルダーが同じテーブルに着席する、対話からスタートする。協働のプロセスにおいて、目標と戦略を共同して策定していくことが求められる。

(9) 中間支援機能の役割を果たす能力開発の必要性

　中間支援機能について「EPO（GEOC/EPO、地方EPO含む）の役割が中途半端」、「地域のデリケートな利害関係にどこまでコミットするか」、「採択団体・事業との距離のとり方、関わり方が難しかった」といった指摘があった。これより、EPO（GEOC/EPO、地方EPO含む）が中間支援組織としてどの程度協働に介入するかで思いあぐねている状況が見て取れる。これは、

EPO（GEOC/EPO、地方EPO含む）が協働に中間支援組織としてコミットする力の醸成が必要とされていることを示す。

第3節　川崎市中間支援機能協議ワークショップと中間支援機能 （EPO）評価ワークショップにおける論点

1　テキストマイニングによる分析

　両ワークショップでは様々な意見が出た。これらをまとめると、どのような要素が浮かび上がってくるであろうか。各ワークショップの意見を集積し、テキスト分析を行った（KHコーダーを使用）。その抽出語リスト一覧、共起ネットワークの結果を示す（**図4-1**）。

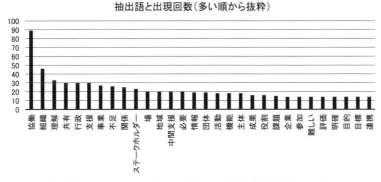

図4-1　テキストマイニングによる分析（抽出語リスト）

　テキストマイニングによる分析に基づく抽出語（**図4-1**）と共起ネットワーク図（**図4-2**）、前後文脈からは次の点が示唆される。

- 「行政」の語が頻出している。
- 共起ネットワーク図をみると、行政との連携の重要性、難しさ、理が推察される。

協働の疎外要因としてのコメントとしては、下記が挙げられている

- 行政の契約制度（単年度、入札等）による制限

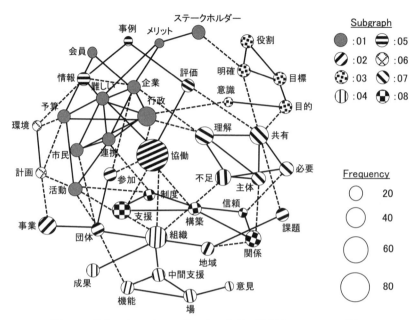

図4-2　テキストマイニングによる分析（共起ネットワーク図）

- 行政区分・行政方針に基づく活動範囲の制約
- 行政との契約関係における協働の対等性の難しさ
- 行政担当者の協働に関する理解・経験不足
- 行政からの資金（税金）で協働を行う際の契約と成果の設定が難しい
- 市民と行政で連携・協働の理解のギャップが大きい
- 行政のNPOへの信頼が必要
- 行政の理解（異動で一気に変わる）
- 行政側の内部のあつれき

他方、促進要因としては下記が挙げられている。

- 行政トップの理解
- 行政などが聞く耳を持った
- 行政に市民協働の意識がもともとあった

行政と企業の関連については、文脈で見てみると、参加者が、行政と企業を類似のコンテクストでとらえていることがわかる。

- 行政、企業の場合、本音を言えないところがある
- 行政や企業の協働できる情報の発信または相談窓口
- 行政、企業のNPOへの信頼が必要

2　論点の抽出

中間支援機能（EPO）評価ワークショップにおける議論の結果より、次の9点の論点を抽出した（**表4-2**）。

表4-2　中間支援機能（EPO）評価ワークショップにおける議論の論点

①開始時のステークホルダー間の関係は協働の成否に重大な影響を与える
②ステークホルダー間のさまざまなギャップは協働の成否に重大な影響を与える
③境界連結者（boundary spanner）の存在の重要性
④行政の関与の度合いが協働に与える影響は大きい
⑤運営制度の設計が協働に与える影響は大きい
⑥協働のプロセスにおける直接対話、共通の理解、中間成果の重要性
⑦協働の評価指標設定の重要性
⑧協働の目標と戦略のステークホルダー間の共有の重要性
⑨中間支援機能の役割を果たす能力開発の必要性

このうち①から⑧は、協働を促進させるために求められる要素である。そのため、中間支援機能は、①から⑧を考慮し強化される必要があると整理できる。

中間支援機能（EPO）評価ワークショップの分析を川崎市中間支援機能協議ワークショップの結果と比較してみよう。川崎市中間支援機能協議ワークショップでは、［開始時の状況］は運営制度の設計に強い影響を及ぼす傾向がある点が指摘された。さらにモデルで示される中間支援機能のうち、［開始時の状況］の把握、［運営制度の設計］、［協働のプロセス］におけるプロ

セス支援が重要である点が指摘された。これらの点は今回のワークショップで抽出された分析と符号している。さらに行政の関与の度合いが協働に与える影響は大きい点については、川崎市中間支援機能協議ワークショップで指摘された、ステークホルダーとの関係にかかる課題のうち、行政では区分・行政方針に基づく活動範囲の制約、定期的人事異動の弊害、政策担当者との認識・理解・意識の格差等と符号する。さらに、前述のテキストマイニングの結果とも整合する。

　川崎市中間支援機能協議ワークショップで抽出された中間支援機能を効果的・効率的に発揮するための配慮事項の抽出において、［アウトカム（成果）］重視の重要性、協働におけるPDCAサイクル活用の重要性は、今回のワークショップにおいても⑦と⑧で示されるように抽出された。さらに組織内部の問題として、人材不足、情報がネットワークの属人性による新たな人材育成が困難である点が指摘されている点は⑨と符合する。つまりここに挙げた分析の①－⑨は、川崎市中間支援機能協議ワークショップで示された論点と符合している。このことは本分析が協働における中間支援機能を考える要素としての一般性を一定程度有していることを示すと考えられる。

第4節　協働ガバナンスにおける中間支援機能強化に向けて

　前項では協働を成功させるための「協働を成功させるための論点」として次を抽出した（**表4-2**）。これらはいかに⑨の中間支援機能の役割を果たす能力開発に組み込むことができるであろうか。以下で検討する。

1　開始時の状況におけるステークホルダー間のギャップ分析手法と対応手法の開発

　中間支援機能を果たす場合には、関係者間の過去の歴史、信頼関係、そして組織間の文化、考え方、地域における状況、体力、知識などのギャップを入念に調査し、分析することが求められる。さらに、これらを踏まえたうえ

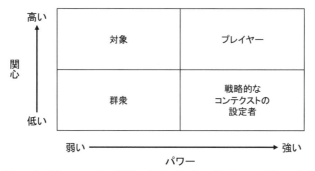

出所：Eden, C. & Ackermann, F. (1998). *Making Strategy: The Journey of Strategic Management* SAGE Publications Ltd, p.122, Figure c7.1を一部省略。

図4-3　パワー V.S. インタレスト・グリッド

で、いかにこれらの様々なギャップを乗り越えるかについての技術的な支援の提供が求められている。ステークホルダー間にいかなるギャップが存在するかを分析する際には、たとえば、非営利組織経営研究においてステークホルダーの同定に利用されてきたツールの応用が考えられる。一例としてEden & Ackermann（1998）によるステークホルダーのパワーとインタレストの2軸構成のグリッド（pp.121-125）を**図4-3**で示した。ここでいうパワーとは、組織あるいは特定の課題の今後に影響を及ぼすステークホルダーのパワーである。インタレストとは、組織あるいは課題に対する関心の程度を示す。このパワー V.S.インタレスト・グリッドは、4象限においてステークホルダーの特性を、群衆、対象、戦略的なコンテクストの設定者、プレイヤーで分類する。目下の問題に対処するためには、プレイヤーとなるステークホルダーが最も重要である。このマトリックスは、非営利組織経営において、どのプレイヤーの関心とパワーを考慮しなければならないかを決定するために有益である（Bryson 2004a: p.31）。

　次に、特定の論点に対するステークホルダーの立場と、ステークホルダーの重要性の2軸で構成されるグリッドにステークホルダーを当てはめ、それぞれの象限のステークホルダーに対する対処を示すツールがある（Nutt & Backoff 1992: pp.191-202）。これは、その程度に応じて、ステークホルダーを、

出所：Nutt, P. C., & Backoff, R. W. (1992).
Strategic Management of Public and Third Sector Organizations:
A handbook for leaders. San Francisco: Jossey Bass Publishers. p.198, Figure 7.7を一部修正。

図4-4　論点に対する立場 V.S. ステークホルダーの.重要性による分類

優先順位が低い、問題を引き起こす、敵対者、支持者の４象限で識別している（**図4-4**）。

　これらの分類手法を協働におけるステークホルダー分析に応用する際には、次の点への留意が必要である。まず、公共の問題を解決するための協働においては、その正当性を担保するためにも広範なステークホルダーの包摂が不可欠である。例えばパワー V.S.インタレスト・グリッド（**図4-3**）で「プレイヤー」として示されるステークホルダーのみならず、課題に対する関心は高いがパワーは弱い「対象」、パワーは強いが課題への関心が低い「戦略的なコンテクストの設定者」をも巻き込む場合がある。そこではステークホルダー間の多様なギャップを埋め、協働への参加を誘発することが求められる場合もあるであろう。その場合、たとえば「対象者」へのパワーの付与、戦略的なコンテクストの設定者の関心分野と課題とのリンクを発見し認識を促すことによって、関心を高める工夫が考えられる。

　さらに、論点に対する立場V.S.ステークホルダーの重要性による分類（**図4-4**）においては、論点に対する立場として賛成であり重要性も高いステークホルダー（「支持者」）のみならず、「敵対する」、あるいは「問題となる」ステークホルダーも巻き込む必要がある場合もあるかもしれない。そこでは、これらのステークホルダーを同じテーブルにつかせ、妥協点を探る作業が必

要となるであろう。その場合にとる策としては、川崎市中間支援機能協議ワークショップで指摘されたように、「対立の視点を明確化する」（Nutt & Backoff 1992: p.67）することによって、歩み寄りの解決策を模索する方法が考えられる。また論点では対立しつつも相互の信頼関係を構築するために「インフォーマルなコミュニケーション」（Nutt & Backoff 1992: p.67）の場の設定が有効な場合もあるであろう。

　これらのツール以外にも、実践に応用可能なツール開発が求められる。中間支援機能（EPO）評価ワークショップでも指摘された協働の開始時の状況で課題となる様々な軸を設定してステークホルダーの状況を分析する手法開発が有用であろう。例えば、協働/対立の歴史では、従来の関係性（良好/悪い）と課題に対する関心の程度（高い/低い）かの2軸の設定が考えられる。さらにステークホルダー間のギャップ分析として、人、モノ、金、情報という組織資源をどのように有しているかをそれぞれマッピングする手法も考えられる。その上で、足りない部分を補い合う関係性の構築、協働の目的達成には欠かせないステークホルダーに対しては不足している人や情報を支援する策も考えられるであろう。

2　境界連結者が機能を発揮する運営制度の設計

　中間支援組織は、協働を進めるにあたって関与する組織内に適切な境界連結者を発見し、その境界連結者と信頼関係を構築することが求められる。しかし、すでに述べたように境界連結者は、双方からの矛盾する期待に応える必要があるため、しばしば困難な立場に置かれる。中間支援機能の立場から見れば、対象組織の境界連結者を一人に限定することによって、その境界連結者が抱える矛盾が大きくなれば、相手組織内部の対立状況などに協働の業績が左右されてしまう。

　この課題解決にあたっては、組織の境界連結者を一人に限定せず、役割を分散させる方法がある（Friedman and Podolny 1992）。例えば、相手組織の境界連結者と交渉する代表者としての役割、社会情緒的な関係を結ぶ役割、

一定のタスク執行に関する役割への分散である（Nutt & Backoff 1992: p.45）。すなわち、対象組織から常に複数の人間が参加できる運営制度の設計によって、問題を一定程度解消できる可能性がある。

3　協働の評価指標の設定手法の開発

協働の目的やゴールは多様であるため、一律の評価指標の設定は困難である。そこでは多様なステークホルダーが対話を通じて合意する、ある種「主観的」な評価手法の設定が考えられる。

4　中間支援組織のスタッフの情報・ネットワーク能力開発

中間支援組織においては、情報とネットワークが属人化してしまい、組織全体の中間支援人材の育成が困難である点が指摘されている。この状況を打開するシステムとして参考となるのが、次に述べる認定非営利活動法人コミュニティ・サポートセンター神戸[2]（以下、CS神戸）が採用している方法である（佐藤・島岡 2014b）。

CS神戸は、自らの事業構成を、NPO支援に直接関る事業－まちづくりや地域福祉に関る事業　自主事業－協働事業・指定管理事業の2軸で示される4象限で整理している（図4-5）。これは、NPO支援などの中間支援活動と、地域福祉などのフロントライン活動を同一組織が実施していることを示す。すなわちファシリテーション機能とイシューに関するリーダーシップ機能をひとつの組織内に擁していると分析できる。

CS神戸ではこの4象限それぞれに複数の事業を有している。また、ひとりの人間が4象限すべてを担当する制度で行っている。職員はまず、象限Ⅰ（自主事業かつNPO支援に直接かかる事業）において、地域ニーズの探索を行うことが求められる。次に、このニーズを満たすために、象限Ⅱ、Ⅲ、Ⅳエリアの全てで事業化を行うことが課せられる。つまり、ニーズの探索に始まり、ひとりのスタッフが、図4-5で示した全ての象限における事業を運営する能力の醸成が企図されているのである。このことにより、スタッフ個々

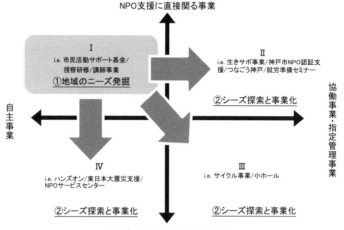

図4-5　CS 神戸の事業構成

人は、イシューに関するネットワークと情報の蓄積を行う機会が与えられる。
そして、そのネットワークと情報は、企画調整会議におけるスタッフ間の相
互教育によって組織全体で共有される仕組みである。

5　行政との連携強化

NPM（新公共管理）からポストNPMに移行しつつある現在、行政は住民
との新たな関係を模索途上である。そのため、協働にかかる意識は自治体に
よって差があるであろう。協働を進めるにあたっては、行政とそれ以外のス
テークホルダーが、協働に関する認識を共有する必要がある。例えば、行政
と多様なステークホルダーが望む協働のあり方について、勉強会やワークシ
ョップなどにおける議論を通じて共通のイメージを持つことが考えられる。
そこでは、協働が進展している先進自治体やプロジェクトなどの事例を持ち
寄り、あるべき姿を共同して検討する試みなど、行政区を越えた議論が有効
と考えられる。

6 協働を促進する論点を統合するマネジメント理論の開発

　これまで述べてきた協働を促進する論点は、外部環境から協働の場、そして中間支援組織内までの広い範囲に分散し、さらに論点間の関連性は明らかではない。本来は重要であるが可視化されていない論点も存在する可能性もある。そこでこれらの要素間の関連性を明らかにし、統合する何等かの理論的枠組みが必要と考えられる。理論的枠組みのひとつの可能性として考えられるのが、経営学分野で発達した「戦略マネジメント」研究の応用である。戦略マネジメントは、営利組織経営における研究と実践で1960年代以降盛んに取り入れられるようになった。その後、行政経営、非営利組織経営においても活用されている。戦略マネジメントとは、端的には「組織がその長期的なビジョン、方向性、プログラム、業績を開発し決定するプロセス」（Anheier 2005: p.259）であり、「組織（あるいは実体）が何であるか、何を行うか、なぜ行うかを具体化し導く、（組織の）根本的な決定と行動のための統制された取組」（Bryson 2004b: p.6）である。

　両ワークショップでは、協働においては、ステークホルダー間で協働の「目標」を共有することが極めて重要である点が強調されている。従って目標と方向性の設定に長けている戦略マネジメントの応用が有効と考えられる。ただし戦略マネジメント理論の多くは、単一の組織を対象に発展していた。そのため複数の組織が集まる「場」である協働に応用するためには、組織と協働の場の相違点等の考慮が求められる。

注
（1）これらの事例研究結果については、佐藤真久（2014）「環境教育実践・施設・環境人材等の環境資源の有機的連携のための俯瞰的マップづくり～持続可能なライフスタイルの選択に向けた消費者受容性・市民性・社会基盤・影響力行使に関する総合的研究」、平成25年度川崎市環境技術産学公民連携公募型共同研究事業、『最終報告書』を参照されたい。
（2）CS神戸は、1995年の阪神・淡路大震災を契機とするボランティアグループを母体に1996年に発足した。神戸市をベースに活動し、活動の柱は、①中間支援の取組、②まちづくりの取組、③福祉等の取組、である。

第5章

持続可能な協働取組活動に向けて

　本章では、協働取組事業で採択された事業の成果と「その後」について、地球環境パートナーシッププラザ（GEOC）が行った調査をもとに述べる。政府から資金を受ける事業は、政府からの資金が切れると現場の活動が停止するなど、その持続可能性が困難であることも指摘されている。多様なステークホルダーとの協働を前提とした本事業のその後を分析する。

第1節　協働取組事業の成果

　協働取組事業の成果については、当該事業の終了時調査に基づいて考察することとしたい。本調査は、協働取組事業の採択案件49件（**表2-1**）を対象に、各地方EPOならびにGEOC事業担当者により、記入フォーマットに基づき自治体の政策への影響、GEOCおよび地方EPOが果たしたチェンジエージェント機能を中心に情報の整理が行われた（**表5-1**）。

表5-1　協働取組事業の事業終了時調査の概要

・実施期間：平成 29 年 8 月
・対　象：環境省協働取組事業過去採択案件49件
☆（現時点では平成 29 年度実施 8 件を除く）
・記入者：各地方 EPO ならびに GEOC 事業担当者

　まず、「政策への影響度合いと指摘事項」を見てみる（**図5-1**）。事業の62％が地域自治体の政策への影響を与えたことが指摘されている。**図5-1**を見ると、条例や計画などに本取組や本取組に基づく提案が反映されているもの

Key Word: 協働取組事業の成果、採択事業のその後

や、その計画の策定づくりへの貢献、補正予算措置、研究会・検討会の発足、モデル化事業の検討などが見られる。

[主な事象]
- 関連施設が「体験の機会の場」に認定
- 大沼環境保全計画が採択され、大沼ラムサール協議会の提案事項も採択された
- 協定書の締結
- 従来から制度化していた「緑基金」に、関係した企業等からの寄付を加えて活用する検討が始まった
- ブルーフラッグ認証のために必要な制度や政策を検討した
- 市民プール木質バイオマスボイラー事業の補正予算が組まれた
- 行政による提案により実証実験として位置づけられた

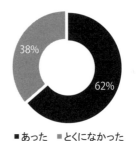

■あった　■とくになかった
図 5-1　政策への影響の度合いと指摘事項（GEOC/EPO による回答）

- 尼崎市環境基本計画で地域の水環境再生と活用が新たに導入された
- 事業の終了時に改定された「尼崎市環境基本計画」では、「河川・運河を中心に水質浄化に向けた美化活動や実験が、地域の住民や事業者・学校・研究機関などと連携して取り組まれており、こうした活動を通じて水辺と人の暮らしとの関わりを見つめ直す契機としながら、水環境の改善に取り組みます。」と位置付けられた
- 「第5次佐川町総合計画」の（施策8）に自伐型林業を推進することが明確に位置付けられた
- 徳島県内の市町村自治体で初めて阿南市生物多様性戦略の計画づくりを行うこととなった
- 自治体職員有志による「九州エンパワーメント研究会」が発足
- 雲仙市環境基本計画（平成27年3月策定）に、小浜地域での低炭素活動を含む「Eキャンレッジ事業」がパートナーシップ体制の推進の視点から盛り込まれた
- 「酒粕を使用した土壌保全手法」について、県営農支援課が高い関心を示し、本部町でのモデル事業化を検討することとなった

　次に、「政策参加への度合いとプロセス」について見てみると（**図5-2**）、モデル事業の64％が政策参加のプロセスに寄与していると指摘している。具体的には、自治体関係者との意見交換や情報提供、セミナーの共同開催、自治体首長との議論への参加、研修会の実施、などが見られる。

[主な事象]
- 市町村関係者会議にてプレゼン機会が与えられた
- 市の協働事業の公募に団体から企画提案し採択された
- 移動中の車内や昼食時などのインフォーマルなミーティングが頻繁に行われていた
- 住民向け報告会を実施した
- 市議会で質問があった
- 村長の現場への視察があった
- 教育センターにおける教員向けの研修が実施された
- 市生物多様性戦略の計画づくりに参加した
- 農家対象のセミナーを、町との共催で開催した
- ビジターセンター意見交換会での事例紹介した

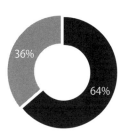

■あった　■とくになかった

図 5-2　政策参加へのプロセスに関する指摘事項（GEOC/EPO による回答）

■積極的　■ふつう　■消極的　　　　　　　■あった　■とくになかった

図 5-3　行政の積極性と政策への影響の関連性に関する指摘事項（GEOC/EPO による回答）

　さらに、「行政の積極性と政策への影響の関連性」を見てみると（**図5-3**）、行政が積極的な場合（積極的：52％）、政策への影響は9割を超えることを読みとることができる。本事業が、環境省事業であるだけに、地方自治体の関与が高いこともあり、このような自治体の政策課題と関連づけられた自治体との協働（政策協働）の重要性が窺える。

[主な変化]
- フォーラムの開催を通じて「施設の役割を感じた」という気づきを得た
- 多様な主体と連携する必要性（一次産業者・地域のNPO・庁内の別の部署）に気

づいた
- 行政が受け取りやすい方法で提出内容の修正の助言など主体的な動きがあった
- 庁内の委員会にて本事業の報告の機会をつくった
- 自治体が取得できる補助金の情報を検索してくれた
- 会議への参画度が増し、行政側の情報提供が行われるようになった
- 採択団体に丸投げスタイルだった担当が、事業に参画することで大きく変容した
- 職員向けの研修開催で役場全体が積極的になった
- 担当は事業に足りない視点、同じテーマで活動する団体の存在について言及するなど、良きサポーターになった

図 5-4　行政担当者の変化に関する指摘事項（GEOC/EPO による回答）

- 会議への参加を通して地域の思いやニーズ、事業目標を具体的に把握した
- シンポジウムで市長が本事業に対するコメントを述べた
- 住民参加による参加型会議手法の有効性を理解した
- 村がやるべきことを明確にした
- 連絡会及び試行の場等においては、採択団体と自治体・教育委員会が参加した
- 尼崎市環境創造課は、当初積極的に関わる形ではなかったが、事業を通じて関わりが生まれた
- 担当者は、協働ギャザリングへ参加するなど、積極的な関わり方へ変化した
- 当初メンバーに入っていなかった定住促進課、教育委員会が取組への関心と協力可能な意思を示した
- これまでの 3 市の交流会に学校の参加が困難なことから、展示物は担当者が作成していたということだが、2016年度は学校に働きかけて、活動の壁新聞の作成・児童の発表につなげることができた
- 振興活動の視点から、隣接する自治体から当該事業は注目されている
- 委員としての関わりや事業への提案をとおして、担当者や管理職の認識が高まった

[行政担当者の悩み]
- 状況がよくわからないが参加を求められているので、参加しておこうという意識
- 行政部局が多岐にわたるので自分の担当だけでは対応できない
- 事業で競ってした課題は、県が公式に確認できていたものではないので、表立った動きはできなかった
- 担当者の異動や、具体的な関わり方を迷う
- 合併後の市行政としては、特定地域の取組との関係にならないよう配慮が必要

　本事業への自治体参加を通して、「行政担当者の変化」を見てみると（**図5-4**）、協働取組を通して、「大きく変化した」・「少し変化した」を合わせると86％になっており、本事業がもたらす、自治体行政担当者への影響力を読み取ることができよう。［主な変化］（**図5-4**）をみても、その変化は多岐にわたっており、協働・連携の重要性への気づき、参加型協議手法の理解、主体的な参画（協働取組への自発的なサポート、自治体内で報告機会の提供、など）、行政職員の積極性の向上、本取組に対する多様な部課署の参画、自治体首長や管理職による本取組の重要性の理解、隣接する自治体からの認知向上、などが見られる。

［変革促進］
- 他の団体と３回の合同会議で行い、お互い刺激を促した
- 問題解決のアプローチについて慎重だったが、意見交換を通じて取り組む必要性を改めて考えるきっかけづくりをした

［プロセス支援］
- 事務局と密なコミュニケーションを行うことで、プロジェクトの進め方や催事企画等、細かな点で助言・提案を行った
- 関わるステークホルダーの強みを役割とし、分担を明確にしての組み合わせによる事業設計が可能になった
- 関係団体のヒアリングに同行し、協働を進めることを意識しながら質問や提案を行った

［資源連結］
- 基調講演者の紹介
- 上下流の自治体との関係構築を支援
- 目標達成に必要なステークホルダーが揃っていないことを確認した

［問題解決策提示］
- 当初の目的以外の活動が多くなった際、論点整理・活動の選択と集中を促し、活動の方向性と各主体の役割分担の明確化を促した
- 市民の参加、行政による積極的参加を可能にするための方策について助言をした

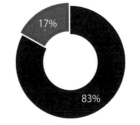

17%

83%

■発揮できた
■発揮できなかった

図 5-5　取組みを円滑にするチェンジ・エージェント機能に関する指摘事項（GEOC/EPO による回答）

111

さらに、本事業において、GEOCおよび地方EPOが果たした「協働取組を円滑にするチェンジ・エージェント機能」を見てみると（**図5-5**）、中間支援機能を発揮できた事例は83％となった。本書で取り扱う、4つの中間支援機能である［変革促進］、［プロセス支援］、［資源連結］、［問題解決策提示］を見てみても、各々の中間支援機能として果たす取組には、独自性と多様性が見られる。そして、これらの中間支援機能（チェンジ・エージェント機能）が発揮される過程（**表5-2**）としては、中間支援者は、取組の課題を見極め（＝見立て）、打開策（＝打ち手）を講じるといった、段階的なプロセスを読み取ることができる。

　そして、「協働プロセスの好循環とチェンジ・エージェントの関係性」を見てみると（**図5-6**）、好循環が見られた案件の94％でチェンジ・エージェント機能が発揮されていた。これは、中間支援者が、協働ガバナンスを意識化し行動することが、中間支援機能としての精度を高め、協働のプロセスの好循環に貢献していることを意味している。「協働ガバナンスにおける中間支援機能モデル」（佐藤・島岡 2014a）に基づく、プロセス支援機能としての中間支援を見てみると（**図5-7**）、各協働プロセスの約7〜9割の度合いで、プロセス支援の重要性が指摘されている。協働ガバナンスの構築において、

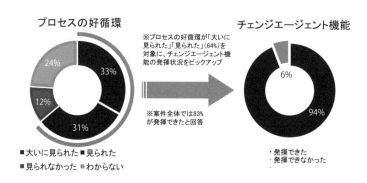

図5-6　協働プロセスの好循環とチェンジ・エージェントの関係性に関する指摘事項
（GEOC/EPO による回答）

表5-2 チェンジ・エージェント機能が発揮される過程に関する指摘事項（GEOC/EPOCによる回答）

見極め（見立て）	打開策（打ち手）	結果
閉じてしまいがちなテーマで、内部調整にのみエネルギーが割かれることを懸念	→ 周囲の存在を感じられるように、新しい人材を紹介したり、外部からの意味づけを行った	→ 課題の現代的な意味づけをネットワーク内外に示すことができるに至った
事業化にのみ意識が向いてしまい、利害関係の衝突や、関係者が限定される懸念があった	→ 水源の保全を中心に据え、プロセスをオープンにして取組に必要や関係者の巻き込み、共通の理解を得るための場作りの重要性を強調した	→ 市の担当者の懸念ともマッチし、協力してくれからサポートできた。その結果、協議会そのものも、「森」を中心に多様なかかわりを目指す緩やかなネットワークに変更となった
地域住民の理解、地域の巻き込みが弱い	→ 地域住民へのヒアリング、地域住民の参加しやすい会議運営、多様な分野の地域団体の参加を促す	→ 国際認証を取得する意義について地域の理解は進んだ
市としては計画を作ったものの、どのように推進していくかの方向性が定まっていない	→ 事業を進める中で、担当者の理解を深めるようにフォローアップを行った	→ 協働で事業を行うことが計画推進の一助になることを担当者が認識でき、主体的な参加が促せた
事業に対する自治体担当者の参画度合いが弱い	→ 連絡会を採択団体の活動地で開催するとともに、外部有識者や環境省地方事務所担当と市役所への訪問を行った	→ 連絡会での発言や現地視察会への参加などに、前向きな姿勢が生まれた
提案団体側の活動として認知されており、複数の主体による協働取組としては主体性が弱い	→ 自治体へのヒアリング等を行い、既存の政策の実装状況を把握し、事業案件に関係する取組を検討した	→ 積極的に関わるべき行政部署が絞り込まれた
地域での協働の素地をつくるために、自治会・市との情報共有・意見交換の機会が必要	→ ワークショップ・ヒアリングなどの場の設定をうながした	→ 地域で認知され、徐々に関わる人が生まれつつある
事業の共通目標を十分に共有できておらず、関係性が十分にできていなかった	→ ヒアリングを実施し、各ステークホルダーの思いや志を明確にし、本事業に結びつけ、全体像を明らかにした	→ 関係者間で本事業の目標達成のための協議ができるようになり、提案が出されるようになった

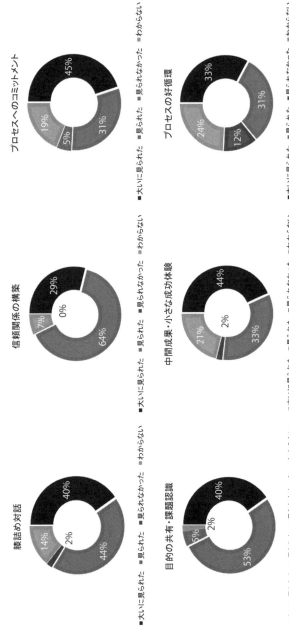

プロセスへのコミットメント

プロセスの好循環

信頼関係の構築

中間成果・小さな成功体験

膝詰めの対話

目的の共有・課題認識

45%　19%　5%　31%

33%　24%　12%　31%

29%　7%　0%　64%

44%　21%　2%　33%

40%　14%　2%　44%

40%　5%　2%　53%

■大いに見られた　■見られた　■見られなかった　■わからない

図 5-7　協働のプロセス支援に関する指摘事項（GEOC/EPO による回答）

114

中間支援としてのプロセス支援機能がいかに重要であるかを読み取ることができよう。

第2節　採択事業のその後

1　平成28年度　過年度事業の状況把握調査とりまとめ結果

　地球環境パートナーシッププラザ（GEOC）は、協働取組事業について、過年度事業の状況把握調査まとめを2017年2月に行っている。調査の目的は次の2点である。

- 過年度事業のフォローアップ：成果物として作成された中期計画の実施状況を把握し、事業の展開状況や継続性、現状での課題、事業を行ったことによるメリット・デメリット等の要因を整理し、今後の展開への支援方法の検討へつなげる。（問1～3）
- 事業効果の全体評価：事業のその後の広がりや事業の進展状況を把握し、協働取組事業による効果全体を再評価する。（問2～4）

　調査手法については次のとおりである。全国事業については全国支援事務局（GEOC）、地方事業については地方支援事務局（地方EPO）がそれぞれ対面、電話、メール等を用いたヒアリングを行い、その結果を報告シート（別添）に記入した。なお、報告シートの項目は全国統一の情報として全国支援事務局が回収するものであり、地方支援事務局による独自項目の追加は妨げない、とした。この意図は、担当者の異動等により採択団体との関係性が多様なため、調査の具体的な運用（アンケートとして採択団体が記入後にそれを元にヒアリング、またはヒアリングしたものを後日に報告シートにまとめるなど）は支援事務局に委ねることにあった。その後、報告シートは、第2回全国EPO連絡会、協働全国アドバイザリー委員会で共有された。調査対象は、平成25年～27年の採択案件のうち、平成28年度に採択されていない案

件（計31事業）である。

　下記に、具体的事例として本書でとりあげた、5事例のその後について回答があった部分を抽出する。

2　5協働取組事例のその後

　本書第3章で取り上げた対象事例（5事例）における事業終了後の展開・拡がり（**表5-3**）については、次のとおりである。外部専門家の増加、関係性の深化、新しい出会い、多様な経験の蓄積と共有、共有資源の活用、新たな協働取組の展開、行政機関との更なる連携が見られている。その一方で、対象事例（5事例）における事業終了後の課題や停滞（**表5-4**）を見てみると、内発性を重視し、地域資源を軸にした人の配置や、若い世代の人材の活用において課題が見られており、中長期な担い手の育成、活用、配置が求められていると言えよう。自主財源の獲得は、今後の協働取組の拡充においても重要な要素を有しており、財政的自立についても課題解決が求められている。

3　過年度事業の状況調査報告　集計まとめ

　さらに、過年度事業（N=30）の状況調査報告においては、「ほぼ中期計画どおり」が53％、「中期計画通りにはいっていないが、継続している」が40％であった（**図5-8**）。何等かの形で継続しているのは93％である。

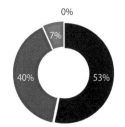

0%

7%

40%

53%

■ほぼ中期計画通りに継続している。
■中期計画通りにはいっていないが、継続している。
■継続していない、休眠状態。
■協働体制又は中心となる団体が解散した。

図5-8　中期計画の実施状況に関する指摘事項（N=30）

表5-3　対象事例（5事例）における事業終了後の展開・拡がり

問2-1：中期計画の実施において、どのような点で協働の加速化やステップアップ、拡がりが見られるか

（ヒト）
・研究・実証フィールドとして注目が高まり、外部の専門家らの参加が増加している。地元行政との共同申請事業の実施や総合計画策定への参画など関係が深まった
・九州自然歩道フォーラムミーティングを通して、メンバー内の意思疎通、連絡が円滑に行えるようになったこと。また、通信紙を通して、今までに160箇所中53箇所の自治体および関連施設からイベント情報の提供があり、「名前のわかる関係性」をつくれた
・小麦収穫体験やエコツアーなどが認知されてきて、幼児から高齢者まで幅広い世代の参入となっているほか、様々な団体や研究機関（香川高専）などとの全く新しい出会いもあった
・協議会のメンバーにいる専門家・研究者だけでなく、外部の多様な専門家・研究者との接点も増え、取り組み方、事例、ノウハウなど多様な経験を積むことができている。そうした中、協議会メンバーの人脈もあって、倉敷市長との接触の機会を得ることもできた。環境分野への関心は高い市長なので、認知を得たいところである
・研究会を開催することにより、日本環境教育学会や日本アーカイブズ学会、日本博物館協会など学術団体が興味を示し、多数の研究者専門家が参加し、混乱している現状を整理する糸口をつかむことができた

（モノ）
・長崎大学の交流センターの利用、発電事業者の発電所の利用
・新しい団体（うさんこやま未来発電所）との協働取組を行うことで地域的な広がりができるとともに、小麦農家の協力により小麦畑を利用させてもらっており、プロジェクトの核となる循環型社会の構築を進めている
・協働取組加速化事業の実施中より、倉敷市環境学習センターを協議会の拠点（協議会メンバーでもある）としてきたが、現在もその関係は継続中
・公立の公害資料館が所有している場所を借りることができている

（仕組みづくり）
・香川県内の食品廃棄物削減に関する施策に関与することにより、行政機関との協働連携を図っている。「食品ロス」という共通言語を用いることにより、新たな関心層を開拓することができている

表5-4　対象事例（5事例）における事業終了後の課題や停滞

問3-1：中期計画の実施において、どのような点で協働の課題や停滞している箇所が見られるか

（ヒト）
・資料館職員の力量不足。展示・アーカイブズ・教育の素養がない
・積極的に協働を後押しする行政部署・担当者の不在（異動）
・九州自然歩道フォーラムの運営を中心的に行う人材が少なく、様々な活動に手が回っていない。対象地域が広範囲のため、すべての地域の顔の見える関係性が構築できていない
・協議会では、過去の軋轢、利害の対立を軽減するため、地域外の有識者を座長に据え進めてきたが、そろそろ地元の人間のリーダーシップによる展開も必要と感じている。しかし現時点では適任者の当てがない
・協議会メンバーである大学教授が退官され、学生とのパイプ役が失われた。大学とはまだ組織対組織のしっかりした関係にまで至っていないため、後任探しを急いでいるが今のところ該当者が見当たらず、困っている（イベント等への学生参加の機会が減少する）。そもそも協議会メンバー自体も総じて年齢が高いため、長い目で見たときの危機感はある。学生等の関わりも卒業した後になかなか地域に残ることがないため苦慮している

（カネ）
・当初より自主財源（商品化など）の確保により、助成金など公的資金に頼らない体制を目指しているが、いまだに達成できていない

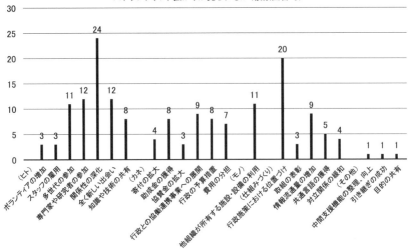

図5-9　中期計画実施段階における協働の加速化・拡充の認識に関する指摘事項
（複数回答可）

　「中期計画の実施において、どのような点で協働の加速化やステップアップ、拡がりが見られるか」（複数回答可）（**図5-9**）については、「関係性の深化」が最も多く（24回答）、次いで「行政施策における位置づけ」（20回答）であった。「専門家や研究者の参加」（12回答）や「全く新しい出会い」（12回答）も回答が多いことが読みとれる。

　「中期計画の実施において、どのような点で協働の課題や停滞している箇所が見られるか」（複数回答可）（**図5-10**）については、「協働を担う人材が不在」（15回答）、「協働を進めるための予算がない」（15回答）が最も多かった。「中心人物の異動」（10回答）も上位にあり、このような人材、予算の二つが課題となっている。一方で、単発的／一過性に取組が終わる、「単発的／一過性の取組に終わる」（2回答）、「外部人材との軋轢」（1回答）といった仕組みづくりにかかる課題があると答えた団体は少なく、本協働取組によって仕組みづくりが整ったことが推測できる。基盤が整った一方、事業を推

118

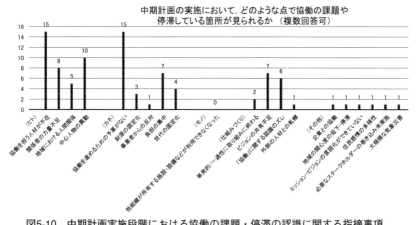

図5-10　中期計画実施段階における協働の課題・停滞の認識に関する指摘事項

進する人材や財源が課題視されていることがわかる。ただ、「世代の固定化」
（4回答）や「財源の固定化」（3回答）を課題とする回答は少なかったこと
から、若手人材を含む次世代の人材の育成、また多様な財源を目指す施策な
ど、現場での取り組みが行われていることが示唆される。

第6章

社会的レジリエンスの強化にむけた協働のしくみづくり

　本研究の理論的枠組みとして核になった「協働ガバナンスにおける中間支援機能モデル」（佐藤・島岡 2014a）は、Ansell & Gash（2008）の協働ガバナンスと、Havelock & Zlotolow（1995）のチェンジ・エージェント機能を結合させたモデルであった。事例分析では、対象とする全事例において、概ね、「協働ガバナンスにおける中間支援機能モデル」（佐藤・島岡 2014a）との整合性が見られ、個々の事例を多様な機能に基づいて考察、比較検討をすることができた。この仮説検証のプロセス（［第3章：協働ガバナンス・モデルを用いた事例分析］、［第4章：協働ガバナンス・モデルの有効性：ワークショップ等での議論］）からも、「協働ガバナンスにおける中間支援機能モデル」（佐藤・島岡 2014a）の有効性を見ることができる。

　本研究は、協働取組事業の実施・遂行への貢献を企図した。［第2章：事例研究を行った事業の概要］に述べたとおり、本協働取組事業は、①地域課題を解決すること、②中間支援組織の能力形成をすること、③事業の成功の要因や失敗の要因、中間支援組織が持つべき機能等に関する知見を蓄積し、社会全体に還元することを目的としていた。また、本協働取組事業の目標は、地域課題解決にかかる事業と協働を同時に促進する、という、あまり類を見ないデュアルな設定にあった。この複合する目的と目標を達成するために、アドバイザリー委員でもあり作業部会委員でもあった我々は、関係者間で共有できる、核となる理論モデルが必要であると考えた。そして先行文献調査をもとに「協働ガバナンスにおける中間支援機能モデル」（佐藤・島岡 2014a）を開発し、GECOやEPOとの作業部会、現場の事業連絡会への参画、

Key Word: 社会的レジリエンスの強化、社会的な学びの場（社会的学習）、変容を促すアプローチ

採択団体を交えたワークショップや年度末報告会を通じて、現場への理論の落とし込みと活用方策の検討を試みた。［第２章：事例研究を行った事業の概要］の末文に述べられている通り、本協働取組事業で採択された49の取組事例には、606の関係主体が関与した。政策へのインパクトとしては、106の自治体が関与し、136の条例や計画策定に影響を与えた。これまでの採択団体は、協働取組事業の支援終了後もそのおよそ９割が何等かの形で取組を継続している。本協働取組事業において、理論と実践の反復による知見の蓄積（**図6-1**、**図6-2**）が実践知（praxis）の構築に貢献し、実際の協働取組に内在化したことが、このような具体的な成果にもつながっているものと考えられる。

　［第３章：協働ガバナンス・モデルを用いた事例分析］においては、全国公害資料館ネットワーク、水島環境学習まちづくり、香川うどんまるごと循環、九州自然歩道活用、小浜温泉資源活用まちづくりの５事例において協働ガバナンスの特徴と多様性が見られた（**表3-2**）。例えば、異なる特徴を持つ採択団体（地元で長年活動してきた団体、あるいはよそ者によって構成される団体など）が中間支援機能を果たしている。協働の開始時には、参加を促したいステークホルダー間には、過去の軋轢、あるいは関係性が薄い、など異なる歴史があることが前提である。これらのステークホルダーの参画を促進するためには、誰がどのように中間支援機能を果たすかが重要である。

（左図：水島環境学習まちづくりに関する勉強会、右図：公害資料館連携フォーラムの開催）

図 6-1：協働取組事業における協働取組実施にむけた知見蓄積の場

（GEOC、地方 EPO、アドバイザリー委員、外部専門家、環境省の参画による作業部会の実施）

図 6-2　協働取組事業における事業形成・事業運営にかかる知見蓄積の場

そのため、中間支援を中心的に担う団体の適性は状況によって異なるといえるのである。

　5事例からは協働ガバナンスにおける中間支援機能を果たすための［変革促進］［プロセス支援］［資源連結］［問題解決策提示］にかかる様々な活動が抽出できた（**表3-2**）。例えば［変革促進］では、フォーラムの開催、協議の場の創造、［プロセス支援］では、フィールドワークやワークショップのファシリテーション、［資源連結］では採択団体独自の人脈の活用、ヒアリング調査による情報の連結、［問題解決策提示］では、採算性の確保、ビジョンの可視化と事業化などがある。地域の多様性、ステークホルダーの多様性からも協働を成功に導く方法はひとつではないことは明らかである。しかし「団体に対する信頼をテコにしてステークホルダーの参加を促す」、「中立的な場の設定」、「共通の言葉の創出と明文化」、「中間支援機能の共有」、「ビジョンの共創と提示」、「場の唯一性の自己強化ループの創出」は、5つの事例に共通の中間支援団体の工夫として、協働ガバナンスに取り組む他の中間支援組織に重要なヒントを与え得る。事業に共通する協働取組の［アウトカム（成果）］として、ステークホルダーの意識の変化が複数見られたことを指摘したい。これは協働での取組が、採択団体を含むステークホルダーの学びの場として機能したこと（「社会的学習」）、そして協働することによって、ステークホルダーの意識変容が促進される効果があることを示唆している。

[第4章：協働ガバナンス・モデルの有効性：ワークショップ等での議論]
においては、事業に参加した多様な主体の参画によるワークショップを通し
て、協働ガバナンス・モデルの有効性の検討と、協働ガバナンスにおける中
間支援機能強化にむけた考察を深めた。

　協働ガバナンス・モデルの妥当性検証を通じて、中間支援組織は、「開始
時の状況把握」、「運営制度の設計」、「協働プロセス」のすべてにおける役割
が指摘された。

　ワークショップにおける議論のテキストマイニングによる分析に基づく抽
出語（図4-1）と共起ネットワーク図（図4-2）からは、「行政」の語が頻出
していることが特徴的である。個別のコメントを見ると「行政区分・行政方
針に基づく活動範囲の制約」「行政担当者の協働に関する理解・経験不足」「行
政からの資金（税金）で協働を行う際の契約と成果の設定が難しい」「行政
の理解が担当者の異動で一気に変わる」など、行政との連携の重要性ととも
に、連携を阻害する課題が認識されている。国内の多様な主体による地域協
働に際して、行政の重要性と課題は従来から指摘されている。この点が、本
事業でも改めて浮き彫りになった。

　そのほかにも、ワークショップを通じて複数の論点と今後の研究課題が抽
出された。「開始時の状況におけるステークホルダー間のギャップ分析手法
と対応手法の開発」、「境界連結者が機能を発揮する運営制度の設計」、「協働
の評価指標の設定手法の開発」、「中間支援組織のスタッフの情報・ネットワ
ーク能力開発」、「協働を促進する論点を統合するマネジメント理論の開発」
など、今後協働ガバナンスを促進し社会を共創するための重要課題である。
例えば、最後の課題に関しては、「協働ガバナンスにおける中間支援機能モ
デル」（佐藤・島岡 2014a）と、「厄介な問題」の課題を発見と解決に長けて
いる「デザイン思考」、システム全体を俯瞰し介入点を見つけるシステム理論、
戦略マネジメントを統合し、現場で活用できる新たなマネジメント・モデル
の開発が検討できよう。

　[第5章：持続可能な協働取組活動に向けて]における協働取組事業の終

了時調査の結果からはいくつかのポイントを抽出した。

　まず、行政との関わりについて、次にのべる2点である。第一に、「政策協働」（共有目的を実現するために行政と政策的に協働を行う形態）としての本事業の強みが明らかになった。行政が積極的に関与した場合、政策への影響する確率が高くなるという指摘（図5-3）もある。第二に、行政の変化と、そこからも示唆される本事業がもたらす社会的学習の可能性である。行政の変化について、本事業への自治体参加を通しての「行政担当者の変化」（図5-4）は、協働取組を通して、「大きく変化した」・「少し変化した」を合わせると9割近い。その変化は多岐にわたっており（図5-4）、協働・連携の重要性への気づき、参加型協議手法の理解、主体的な参画（協働取組への自発的なサポート、自治体内で報告機会の提供、など）、行政職員の積極性の向上、本取組に対する多様な部課署の参画、自治体首長や管理職による本取組の重要性の理解、隣接する自治体からの認知向上、などが見られる。第4章では行政との協働が重要でもあり課題でもあると述べた。この終了時調査における行政の変化は、第3章でも指摘した、「協働での取組が、採択団体を含むステークホルダーの学びの場として機能したこと（「社会的学習」）、そして協働することによって、ステークホルダーの意識変容が促進される効果があったのではないか」、という点と符合する。これより、本事業そのものが、社会的学習を促進する基盤として作動した可能性があることを指摘したい。今後さらなる分析が必要だが、これは本事業の開始時には予測していなかったことであり、我々にとっても大きな発見であった。

　次に中間支援機能の効果である。本事業において、GEOCおよび地方EPOが果たした「協働取組を円滑にするチェンジ・エージェント機能」を見てみると（図5-5）、中間支援機能を発揮できた事例は8割以上だった。4つの機能別（変革促進、プロセス支援、資源連結、問題解決策提示）を見てみても、各々の中間支援機能として果たす取組には、独自性と多様性が見られる。そして、これらの中間支援機能が発揮される過程（表5-2）としては、中間支援者は、取組の課題を見極め（＝見立て）、打開策（＝打ち手）を講じる

といった、段階的なプロセスを周到に踏んでいることが明らかになった。「協働プロセスの好循環とチェンジ・エージェントの関係性」を見てみると（図5-6）、好循環が見られた案件のほぼ全て（94％）で、チェンジ・エージェント機能が発揮されていた。これは、中間支援者が、協働ガバナンスを意識化し行動することが、中間支援機能としての精度を高め、協働プロセスの好循環に貢献していることを意味している。

　最後に協働取組事業の持続可能性である。「中期計画の実施において、どのような点で協働の加速化やステップアップ、拡がりが見られるか」（図5-9）については、「関係性の深化」が最も多く、次いで「行政施策における位置づけ」であった。「専門家や研究者の参加」や「全く新しい出会い」も回答数が多かった。すなわち、協働取組事業終了後の展開・拡がりに大きな自立発展性を見ることができる（表5-3）。しかし、その一方で、人事措置や自主財源などの側面における課題や停滞も指摘されている（表5-4）。協働ガバナンスや中間支援機能を支える地域社会の生態系（個人、組織、地域、政策などの連関）にも視野を広げ、協働ガバナンスと中間支援機能が活かされる社会生態系の構築が求められているといえよう。

　本協働取組事業では、協働ガバナンスの構築と中間支援機能が大きな成果をもたらした。そして、協働プロセスにおいて、信頼関係の構築や目的の共有、中間成果の共有などにおいて、社会的な学びの場（「社会的学習」）として機能し、ステークホルダーの変容が促進されたことが示唆されたことは興味深い（図5-7、図6-3）。

　「社会的学習」は、1960年代からその重要性が指摘されている。「社会的学習」の概念は多様であり、実社会において実際の事例を観察・模倣することで自身の行動をよくするものや、1990年代に指摘がなされている社会環境の変化に対応する組織マネジメントの向上を意味するもの、2000年代から指摘がなされている外部の人や組織とともに協働をしながら、学び合うプロセスなどがある。今後、「協働ガバナンスにおける中間支援機能モデル」（佐藤・島岡 2014a）と「社会的学習」に関する理論的枠組との結合が必要とされて

（協働ギャザリング、年度末報告会における事例報告・知見蓄積にむけた議論風景）

**図6-3　協働取組事業における年度末の報告会を通した
全国レベルの社会的学習プロセス**

いると言える。筆者（佐藤）は、近年の論考において、協働ガバナンスにおける社会的学習の重要性と社会的学習の理論研究に基づき、重視すべき「変容を促すアプローチ」として、(1) 実践共同体・学習共同体、(2) 批判的探究、(3) コミュニケーション的行為、を挙げている（佐藤・Didham 2016）。本書で取り扱った「協働ガバナンス」は、社会的変動性の高い状況の中で、状況的に対応できるしくみ（コンティンジェンシー・モデル）であり、このような「変容を促すアプローチ」の中核的な機能をもつことが期待される。そして、「社会的学習」を組み入れることで、協働と学習の連関を強めることが可能になるだろう。

　本書で取り扱った「協働ガバナンス」と「中間支援機能」は、本書籍シリーズ「SDGs時代のESDと社会的レジリエンス」で一貫して強調されている以下の３つのキーワード（SDGs時代、ESD、社会的レジリエンスの強化）と連動していることも、本書全体から読み取ることができるだろう。［はじめに］部分の「SDGs時代」として指摘されている、VUCA時代への状況的対応はさることながら、環境保全と多様なアクターとの協働は、「地球惑星的世界観」と「社会包容的世界観」を有し、今日的なグローバルなレベルの基本問題（貧困・社会的排除問題、地球環境問題）の同時解決に貢献する取組だと言える。さらには、社会課題の解決（社会変容）にむけた協働と、その協働により得られた社会的学習（個人変容）の連関にも貢献、ESDとして

の本質に対応していると言える。最後に、"VUCA社会"へ適応し、生態系と社会の重要なシステム機能としての、協働のしくみ（協働ガバナンス）の構築も、今後の「社会的レジリエンスの強化」に大きな貢献をもたらすであろう。

おわりに

　本書は、協働ガバナンスと中間支援機能について、協働ガバナンス・モデルを理論的な柱とし、環境省の実施した協働取組事業を題材に検討した。そして、協働ガバナンスにおける中間支援機能について、本モデルと国内の事例との適合性を確認した。さらにファシリテーション機能とリーダーシップ機能の役割を同時に果たすためにどのような工夫がとられているかを、5事例を中心に抽出した。本理論モデルは、本協働取組事業の実施中、機会あるごとに採択団体、地方EPO、GEOC、そして環境省の担当者らに共有され、議論の素材となった。理論モデルは、当初は現場の人にとってはそれこそ絵にかいた餅のようなものだったかもしれない。しかし、実際に事業を回していくにつれ、共通言語としての意味を持ち始め、関係者間に浸透していった。例えば、事業終了時の終了時調査によれば、本事業においてGEOCおよび地方EPOが果たした「協働取組を円滑にするチェンジ・エージェント機能」を見てみると、中間支援機能を発揮できた事例は83％であった。さらに「協働プロセスの好循環とチェンジ・エージェントの関係性」を見てみると、好循環が見られた案件の94％でチェンジ・エージェント機能が発揮されていた。これは、そもそも概念を共有できていなければ回答できない項目である。また、これらの高い達成数値は、中間支援者が、協働ガバナンスや中間支援の機能を意識化し、行動することが、中間支援機能としての精度を高め、協働プロセスの好循環に貢献していることを示唆している。協働には、運営の場のデザイン、想定外の事柄への対処、無関係あるいは対立してきた人や組織との関係構築など、様々な困難が伴う。その過程に我々の理論的な支援が少しでも役に立ったのであれば、大変嬉しく思う。

　本事業における蓄積は、本事業以降の環境省事業に大いに貢献している。例えば、「平成30-31年度　持続可能な開発目標（SDGs）を活用した地域の環境課題と社会課題を同時解決するための民間活動支援事業」（アドバイザ

リー委員長：佐藤真久、アドバイザリー委員：島岡未来子ほか）（同時解決支援事業）は、地域における環境課題への取組を、SDGsを活用することにより他の社会課題の取組と統合的に進めることで、それぞれの課題との関係の深化、ステークホルダーの拡大、課題解決の加速化等を促進することを目的とした。全国8団体が採択された同時解決支援事業では、本事業で培った知見が大いに生かされ、本事業の関係者が参画し、複数課題の同時解決という困難な課題に果敢に立ち向かった。さらに、分散型の社会を形成しつつ、地域の特性に応じて資源を補完し支え合うことにより、地域の活力が最大限に発揮されることを目指す、地域循環共生圏事業にも貢献している。

　社会的レジリエンスを強化するためにも、中間支援組織は今後ますます重要になっていく。東日本大震災では、多くの中間支援組織が活躍し、その機能の重要性が明らかになった（東北環境パートナーシップオフィス 2012）。本書を執筆している現在、世界は新型コロナウイルス（COVID-19）のパンデミックによる大きな影響を受けている。コミュニティにとってのレジリエンスとは、大きな障害やショックがひとつの社会システムを襲っても、すぐには壊れない能力、障害に適応する能力であり、自らを立て直す能力である。コミュニティのレジリエンスには「多様性」、「モジュール性」、「フィードバックの堅固さ」が重要とされる（Hopkins 2008）。本事業で活躍した中間支援組織は、多種多様な分野で、多種多様な主体と状況に対応する能力を増強した。さらに地域に根差した活動を行うことで、地域のモジュール性、フィードバックループの堅固さを高めることに貢献でき得る能力を培った。社会プロジェクトのゴールとは、問題をなくすことではなく、問題に対応できるレジリエンス力を生み出すことにある（佐藤・広石 2018）。本事業の試みはまさにレジリエンス力を強化する地域づくりであったと換言できよう。

　最後に、本事業を牽引し、膨大な熱意をもって取り組まれた、環境省、環境省地方事務所、GEOC、地方EPO、全国アドバイザリー委員、地方審査委員、採択事業者の皆様等、関係者すべての皆様への敬意と感謝を示したい。本書は、この先進的な取り組みを少しでも記録し、理論化し、共有したいと

いう思いで執筆した。本書が同様の取り組みに関わる皆様、研究者の皆様への少しでも参考となればこれ以上の喜びはない。紙面の制限によりすべてを紹介できなかったが、是非、巻末の関連出版物もご覧いただき、参考にしていただければ幸いである。

　2020年7月

共著者を代表して　島岡　未来子

引用文献　※リンクの最終アクセスは、2020年4月4日

Anheier, H. K., and R. A. List. (2005) *A Dictionary of Civil Society, Philanthropy and the Third Sector*. London: Routledge.

Ansell, C., and A. Gash. (2008) Collaborative Governance in Theory and Practice, *Journal of Public Administration Research and Theory*, 18 (4), pp.543-571.

Ansell, C., and A. Gash. (2012) Stewards, Mediators, and Catalysts: Toward a Model of Collaborative Leadership, *Innovation Journal*, 17 (1).

Battilana, J., and T. Casciaro. (2013) The Network Secrets of Great Change Agents, *Harvard Business Review*, 91,pp.7-8.

Bryson, J. M. (2004a) What to do When Stakeholders Matter-Stakeholder Identification and Analysis Techniques, *Public Management Review*, Vol.6, Issue1, pp.21-53.

Bryson, J. M. (2004b) *Strategic Planning for Public and Nonprofit Organizations: A Guide to Strengthening and Sustaining Organizational Achievement* (*3rd edition*). San Francisco: Jossey-Bass.

Bryson, J. M., B. C. Crosby, and M. M. Stone. (2006) The Design and Implementation of Cross-sector Collaborations: Propositions from the Literature, *Public Administration Review*, 66, pp.44-55.

Eden, C. and F. Ackermann. (1998) *Making Strategy: The Journey of Strategic Management*. SAGE Publications Ltd.

Emerson, K., T. Nabatchi, and S. Balogh. (2012) An Integrative Framework for Collaborative Governance, *Journal of Public Administration Research and Theory*, 22 (1), pp.1-29.

Friedman, RA and J. Podolny. (1992) Differentiation of Boundary Spanning Roles - Labor Negotiations and Implications for Role-conflict, *Administrative Science Quarterly*, 37, pp.28-47.

Havelock, R. G., and S. Zlotolow. (1995) *The Change Agent's Guide* (2nd edition), New Jersey: Education Technology Publications, Inc.

Hopkins, R. (2008) *The Transition Handbook: From Oil Dependency to Local Resilience*, Green Books. (城川桂子訳『トランジション・ハンドブック—地域レジリエンスで脱石油社会へ』2013、第三書館)

Margerum, R. D. (2002) Collaborative Planning: Building Consensus and Building a Distinct Model for Practice, *Journal of Planning Education and Research*, 21, pp.237-253.

Nutt, P. C., and R. W. Backoff. (1992) *Strategic Management of Public and Third*

Sector Organizations: A handbook for leaders, San Francisco: Jossey-Bass Publishers.

OPM/Compass Partnership.（2004）*Working Towards an Infrastructure Strategy for Working with the Voluntary and Community Sector*, OPM and Compass Partnership.

Talbot, C.（2011）Paradoxes and prospects of 'public value, *Public Money and Management*, 31（1）, pp.27-34.

United Nations. Goal 17: Revitalize the global partnership for sustainable development ⟨https://www.un.org/sustainabledevelopment/globalpartnerships/⟩.

Vangen, S. and C. Huxham.（2003）Enacting Leadership for Collaborative Advantage: Dilemmas of Ideology and Pragmatism in the Activities of Partnership Managers, *British Journal of Management*, 14, S61-S76.

うどんまるごと循環プロジェクト ⟨https://www.udon0510.com/⟩。

うどんまるごと循環プロジェクト　FAQ ⟨https://www.udon0510.com/faq⟩。

うどんまるごと循環コンソーシアム（2015）『平成26年度地域活性化に向けた協働取組の加速化事業（うどんまるごと循環プロジェクト2014）報告書』。

雲仙市（2014）『雲仙市環境基本計画素案』⟨http://www.city.unzen.nagasaki.jp/file/temp/9142114.pdf⟩。

岡山県（2015）『岡山県工業統計（平成25年度版）』⟨https://www.pref.okayama.jp/uploaded/life/657132_5705954_misc.pdf⟩。

小川大（2017）「アメリカにおける近年の協働ガバナンス研究の動向」『季刊行政管理研究』160、46-65ページ。

小田切康彦（2013）「NPOと官民協働―被災者および避難者支援の取り組みから」桜井政成編『東日本大震災とNPO・ボランティア：市民の力はいかにして立ち現れたか』、ミネルヴァ書房、89～106ページ。

小田切康彦・新川達郎（2007）「NPOとの協働における自治体職員の意識に関する研究」『同志社政策科学研究』9（2）、91～102ページ。

香川県　香川県統計情報データベース ⟨https://www.pref.kagawa.lg.jp/content/etc/subsite/toukei/sogo/udonken/0001.shtml⟩ *本文データは2015年3月15日当時のもの。

香川県　香川県統計情報データベース　うどん県統計情報コーナー ⟨https://www.pref.kagawa.lg.jp/content/etc/subsite/toukei/sogo/udonken/index.shtml⟩ *本文データは2015年3月15日当時のもの。

香川県（2014）『平成25年香川県観光客動態調査報告』⟨http://www.my-kagawa.jp/special/research/h25report.pdf⟩。

環境省「長距離自然歩道を歩こう！」⟨https://www.env.go.jp/nature/nats/

shizenhodo/index.html〉。

環境省「九州自然歩道ポータル」〈http://kyushu.env.go.jp/naturetrail/〉。

九州自然歩道フォーラム『設立趣意書』〈http://www.greencity-f.org/image/B6E5 BDA3BCABC1B3CAE2C6BBA5D5A5A9A1BCA5E9A5E0C0DFCEA9BCF1B0 D5BDF1.pdf〉。

小島広光・平本健太編（2011）『戦略的協働の本質：NPO、政府、企業の価値創造』有斐閣。

佐藤真久・島岡未来子（2014a）「協働における「中間支援機能」モデル構築にむけた理論的考察」『日本環境教育学会関東支部年報』8、日本環境教育学会、1〜6ページ。

佐藤真久・島岡未来子（2014b）「協働における中間支援機能：神戸市と四日市市の事例を対象に」『日本環境教育学会関東支部大会年報』。

佐藤真久・Didham Robert（2016）「環境管理と持続可能な開発のための協働ガバナンス・プロセスへの「社会的学習（第三学派）」の適用にむけた理論的考察」『共生科学』7、日本共生科学会、1〜19ページ。

佐藤真久・広石拓司（2018）『ソーシャル・プロジェクトを成功に導く12ステップ—コレクティブな協働なら解決できる！SDGs時代の複雑な社会問題』みくに出版。

総務省（2014）『国立公園における九州自然歩道の管理等に関する行政評価・監視 平成25年度』〈http://www.soumu.go.jp/main_content/000281289.pdf〉。

東京都生活文化局都民生活部管理法人課（2013）『中間支援組織活動ハンドブック』。

東京ボランティア・市民活動センター　支援力アップ塾〈https://www.tvac.or.jp/special/im/outline/curr.html〉。

東京ボランティア・市民活動センター　支援力アップ塾のご紹介〈https://www.tvac.or.jp/special/im/outline/〉。

内閣府（2002）『中間支援組織の現状と課題に関する報告書』〈https://www.npo-homepage.go.jp/toukei/2009izen-chousa/2009izen-sonota/2001nposhien-report〉。

東北環境パートナーシップオフィス（2012）『2015 3.11　あの時事例集―中間支援組織1年間の後方支援活動の記録―』〈http://www.geoc.jp/rashinban/syoseki_detail_651.html〉。

中島智人（2007）「ボランタリーコミュニティセクター（VCS）の基盤整備に向けた取り組み」塚本一郎・柳沢敏勝・山岸秀雄編『イギリス非営利セクターの挑戦：NPO・政府の戦略的パートナーシップ』ミネルヴァ書房、24〜44ページ。

日本NPOセンター（2016）『2015年NPO支援センター実態調査報告書』〈https://www.jnpoc.ne.jp/?p=12235〉。

日本NPOセンター（2019）『2018年度NPO支援センター実態調査報告書』〈https://www.jnpoc.ne.jp/?p=17447〉。

日本NPOセンター「NPO支援センター一覧」〈https://www.jNPOc.ne.jp/?page_id=757〉。

日本経営協会（2018）『第2回　地方自治体の運営課題実態調査　報告書』〈http://www.noma.or.jp/Portals/0/999_noma/pdf/result201804.pdf〉。

日本経済団体連合会（2012）『2011年度社会貢献活動実績調査結果』〈https://www.keidanren.or.jp/policy/2012/070.html〉。

林美帆（2014）「公害資料館連携、これからの展開および課題」『内部資料』。

原田晃樹（2010）「英国におけるパートナーシップ政策」原田晃樹・藤井敦史・松井真理子編『NPO再構築への道：パートナーシップを支える仕組み』勁草書房、159～189ページ。

樋口耕一（2014）『社会調査のための計量テキスト分析─内容分析の継承と発展を目指して─』ナカニシヤ出版。

松戸市（2016）『協働のまちづくり　職員アンケート調査報告書』〈https://www.city.matsudo.chiba.jp/kurashi/shiminkatsudou/kyoudou_machidukuri/keikaku/index.files/anke-to_sishokuin.pdf〉。

水島地域環境再生財団（みずしま財団）水島の歴史〈http://www.mizushima-f.or.jp/pj/mizushima/mizushima.html〉。

水島地域環境財団（みずしま財団）みずしま財団とは〈http://www.mizushima-f.or.jp/aboutus/aboutus.html〉。

水島地域環境財団（みずしま財団）　水島って？〈http://www.mizushima-f.or.jp/pj/mizushima/mizushima.html〉。

水島地域環境財団（みずしま財団）（2015）「【お知らせ】みずしま未来ビジョンパンフレット　意見をいただきバージョンアップ！しました」〈http://mizushima-f.or.jp/mt/2015/02/post-503.html〉。

吉田忠（2004）「NPO中間支援組織の類型と課題」『龍谷大学経営学論集』44（2）、104～113ページ。

協力者・協力組織一覧（敬称略、役職略、順不同）
1. 環境省「平成25年度　地域活性化を担う環境保全活動の協働取組推進事業」・
　 環境省「平成26年度～平成29年度　地域活性化に向けた協働取組の加速化事業」
　 の事業関係組織・個人
※当時（事業採択時もしくは平成29年度時点）のもの
※全国EPO連絡会における中間支援機能（EPO）評価ワークショップ（2014年2
　 月21日）参加組織含む

[外部有識者等]
● NPO法人持続可能な社会をつくる元気ネット（事業アドバイザリー委員）：鬼沢
　 良子
● 株式会社博報堂/尼崎市/高知大学（事業アドバイザリー委員）：船木成記
● 毎日新聞社（事業アドバイザリー委員）：田中泰義

[事例研究の対象となった採択団体]
● 公益財団法人公害地域再生センター／公害資料館ネットワーク
● 公益財団法人水島地域環境再生財団
● うどんまるごと循環コンソーシアム
● NPO法人グリーンシティ福岡
● 一般社団法人小浜温泉エネルギー

[EPO/GEOC]
● 地球環境パートナーシッププラザ（GEOC）
● 北海道環境パートナーシップオフィス（EPO北海道）／東北環境パートナーシ
　 ップオフィス（EPO東北）／関東地方環境パートナーシップオフィス（関東
　 EPO）／中部環境パートナーシップオフィス（EPO中部）／近畿環境パートナ
　 ーシップオフィス（きんき環境館）／中国環境パートナーシップオフィス（EPO
　 ちゅうごく）／四国環境パートナーシップオフィス（四国EPO）／九州地方環
　 境パートナーシップオフィス（EPO九州）

[環境省]
● 総合政策局環境経済課民間活動支援室
● 北海道地方環境事務所　環境対策課／東北地方環境事務所　環境対策課／関東
　 地方環境事務所　環境対策課／中部地方環境事務所　環境対策課／近畿地方環
　 境事務所　環境対策課／中国四国地方環境事務所　環境対策課／中国四国地方
　 環境事務所　広島事務所　環境対策課／中国四国地方環境事務所　高松事務所
　 　環境対策課／九州地方環境事務所　環境対策課

２．川崎市環境技術産学公民連携公募型共同研究事業、「環境資源の有機的連携に向けた研究〜持続可能なライフスタイルの選択に向けた消費者受容性・市民性・社会基盤・影響力行使に関する総合的研究〜」の川崎市中間支援機能協議ワークショップ（2014年２月19日）参加組織／ヒアリング対象主要組織

- 一般社団法人環境パートナーシップ会議、川崎市市民こども局市民生活部市民協働推進課、関東地方環境パートナーシップオフィス、地球環境アウトリーチオフィス、NPO法人産業・環境創造リエゾンセンター、一般社団法人地球温暖化防止全国ネット、公益財団法人かわさき市民活動センター、北海道地方環境パートナーシップオフィス、中国地方環境パートナーシップオフィス、ソフトエネルギープロジェクト、グリーン購入ネットワーク、地球環境戦略研究機関（IGES）、NPO法人日本NPOセンター、NPO法人アクト川崎、川崎市環境総合研究所
- 認定非営利特定法人コミュニティ・サポートセンター神戸／四日市大学／神戸市／四日市市

関連出版物（投稿論文・記事・報告書・書籍等）

［報告書］
- 佐藤真久（2012）『環境教育実践・施設・環境人材等の環境資源の有機的連携のための俯瞰的マップづくり』平成23年度川崎市環境技術産学公民連携公募型共同研究事業（研究代表：佐藤真久）、東京都市大学。
- 佐藤真久（2013）『環境教育実践・施設・環境人材等の環境資源の有機的連携のための俯瞰的マップづくり―低炭素社会構築にむけたライフスタイルの転換・選択にむけて』平成24年度川崎市環境技術産学公民連携公募型共同研究事業（研究代表：佐藤真久）、東京都市大学。
- 佐藤真久（2014）『環境教育実践・施設・環境人材等の環境資源の有機的連携のための俯瞰的マップづくり―持続可能なライフスタイルの選択に向けた消費者受容性・市民性・社会基盤・影響力行使に関する総合的研究―』最終報告書、平成25年度川崎市環境技術産学公民連携公募型共同研究事業（研究代表：佐藤真久）、東京都市大学。
- 佐藤真久（2014）『平成25年度地域活性化を担う環境保全活動の協働取組推進事業―［プロジェクト・マネジメントの評価］と［中間支援組織の機能と役割］に焦点をおいて―』最終報告書、環境省事業（研究代表：佐藤真久）、東京都市大学。
- 佐藤真久（2015）『平成26年度環境省地域活性化に向けた協働取組の加速化事業―［協働ガバナンスの事例分析］と［社会的学習の理論的考察］に焦点を置いて』

最終報告書、環境省事業（研究代表：佐藤真久）、東京都市大学。

- 佐藤真久（2016）『平成27年度環境省地域活性化に向けた協働取組の加速化事業 —［継続案件の多角的考察］と［協働ガバナンスの事例比較］に焦点を置いて』最終報告書、環境省事業（研究代表：佐藤真久）、東京都市大学。
- 佐藤真久（2017）『平成28年度環境省地域活性化に向けた協働取組の加速化事業 —［プロジェクト・マネジメントの評価］と［協働ガバナンスの評価］に焦点を置いて』最終報告書、環境省事業（研究代表：佐藤真久）、東京都市大学。
- 東北環境パートナーシップオフィス（2012）『2015 3.11 あの時事例集—中間支援組織1年間の後方支援活動の記録—』〈http://www.geoc.jp/rashinban/syoseki_detail_651.html〉。

[投稿論文]

- 佐藤真久・吉川まみ・広瀬健二・関根昌幸・吉川サナエ・深堀孝博・遠藤亜紀（2013）「川崎市"環境諸資源"の共有による協働と連携—川崎市内の環境教育関連団体の協働・連携アプローチ等の類似性に基づく「俯瞰的マップ」の開発を通して」『共生科学』4、日本共生科学会、81〜102ページ。
- 佐藤真久・深堀孝博・豊田咲・荻原朗・中原秀樹・井村秀文（2013）「機動力連関モデルに基づく低炭素社会構築にむけたライフスタイルの選択・転換—川崎市における節電行動・代替エネルギー選択に関する主体間の機能連関分析に基づいて—」『エネルギー環境教育研究』8（1）、日本エネルギー環境教育学会、39〜46ページ。
- 佐藤真久・深堀孝博（2014）「環境分野における共同研究事業を通した「政策協働」—川崎市環境技術産学公民連携公募型共同研究事業の取組と「政策協働」としての意義・課題、今後の展望」『季刊環境研究』176、日立環境財団、89〜97ページ。
- 佐藤真久・島岡未来子（2014）「協働における「中間支援機能」モデル構築にむけた理論的考察」『日本環境教育学会関東支部年報』8、日本環境教育学会、1〜6ページ。
- 島岡未来子・佐藤真久（2014）「協働における中間支援機能：神戸市と四日市市の事例を対象に」『日本環境教育学会関東支部年報』8、日本環境教育学会、7〜12ページ。
- 佐藤真久・島岡未来子（2014）「協働における中間支援組織の機能と役割—アクト川崎を事例として」『東京都市大学横浜キャンパス紀要』1、東京都市大学、34〜44ページ。
- 島岡未来子・佐藤真久（2014）「企業・行政・NPO間の協働における中間支援組織の役割と機能—川崎産業・環境創造リエゾンセンターを事例として」『早稲田国際経営研究』45、早稲田大学WBS研究センター、169〜183ページ。

- 佐藤真久・島岡未来子（2016）「「協働を通した環境教育」の推進にむけたコーディネーション機能の検討―NPO法人アクト川崎とNPO法人産業・環境創造リエゾンセンターの機能比較に基づいて―」『環境教育』61（25-3）、日本環境教育学会、15～26ページ。
- 佐藤真久・Didham Robert（2016）「環境管理と持続可能な開発のための協働ガバナンス・プロセスへの「社会的学習（第三学派）」の適用にむけた理論的考察」『共生科学』7、日本共生科学会、1～19ページ。
- Shimaoka, M. and M. Sato.（2014）The Role of Intermediary Organizations in Collaborative Governance: the Case of Japan, *ISTR Working Papers Series 2014*.〈http://c.ymcdn.com/sites/www.istr.org/resource/resmgr/WP2014/Shimaoka_sato_fullpaper_2014.pdf〉.
- 島岡未来子・佐藤真久・江口健介・高橋朝美（2017）「協働ガバナンスの現場：環境省「地域活性化に向けた協働取組の加速化事業」を事例」『日本NPO学会報告概要集』日本NPO学会第19回年次大会一般セッション報告、日本NPO学会。

［ブックレット］
- GEOC（2016）『協働の現場―地域をつなげる環境課題からのアプローチ』。
- GEOC（2017）『協働の設計―環境課題に立ち向かう場のデザイン』。
- GEOC（2018）『協働の仕組―環境課題と地域を見直す取組のプロデュース』。
- 環境省地域活性化に向けた協働取組の加速化事業　成果とりまとめタスクフォース（2018）『環境保全からの政策協働ガイド―協働をすすめたい行政職員にむけて』。

［投稿記事］
- 佐藤真久・島岡未来子・江口健介・村尾幸太（2017）「環境と協働―地域の環境課題を協働で解決へ導くために」『日本NPO学会ニューズレター』vol.19-1（68）、日本NPO学会、12～13ページ。
- 佐藤真久・島岡未来子・江口健介・村尾幸太（2018）「環境と協働―地域の環境課題に向き合う取組の現場」『日本NPO学会ニューズレター』vol.19-2（69）、日本NPO学会、2～3ページ。
- 佐藤真久・島岡未来子・江口健介・村尾幸太（2018）「環境と協働―対立の歴史を乗り越える協働」『日本NPO学会ニューズレター』vol.20-1（70）、日本NPO学会、12～13ページ。
- 佐藤真久・島岡未来子・江口健介・村尾幸太（2018）「環境と協働―「協働ガバナンス・モデルの活用」『日本NPO学会ニューズレター』vol.20-2（71）、日本NPO学会、8～9ページ。

［書籍］

● 佐藤真久（2017）「第15章：SDGsとパートナーシップ」佐藤真久・田代直幸・蟹江憲史編著『SDGsと環境教育─地球資源制約の視座と持続可能な開発目標のための学び』学文社、272〜294ページ。

● 佐藤真久（2017）「終章：これからの世界と私たち」佐藤真久・田代直幸・蟹江憲史編著『SDGsと環境教育─地球資源制約の視座と持続可能な開発目標のための学び』学文社、295〜306ページ。

● 佐藤真久（2017）「環境配慮行動としてのライフスタイルの選択」福井智紀・佐藤真久編著『大都市圏における環境教育・ESD─首都圏ではじまる新たな試み』筑波書房、31〜44ページ。

● 佐藤真久・広石拓司（2018）『ソーシャル・プロジェクトを成功に導く12ステップ、コレクティブな協働なら解決できる！ SDGs時代の複雑な社会問題』みくに出版。

● 佐藤真久（2018）「マルチステークホルダー・パートナーシップで進めるSDGs」『ESDの基礎』事業構想大学院大学、93〜117ページ。

● 佐藤真久（2019）「終章：SDGs時代のまちづくりとパートナーシップ」『ESDとまちづくり』学文社、263〜278ページ。

● 佐藤真久（2019）「パートナーシップで進める"地域のSDGs"」白田範史編『SDGsの実践─自治体・地域活性化編』、115〜144ページ。

● 北村友人・佐藤真久（2019）「SDGs時代における教育のあり方」北村友人・佐藤真久・佐藤学編著『SDGs時代の教育─すべての人に質の高い学びの機会を』学文社、2〜25ページ。

● 佐藤真久（2019）「教材としての本書の活用方法／おわりに」佐藤真久監修『未来の授業─私たちのSDGs探究BOOK』宣伝会議、116〜121ページ。

● 佐藤真久（2020）「第3章：人類成長と社会存続のために」佐藤真久・関正雄・川北秀人編著『SDGs時代のパートナーシップ─成熟したシェア社会における力を持ち寄る協働へ』学文社、34〜48ページ。

● 佐藤真久（2020）「終章：SDGs時代のパートナーシップ」佐藤真久・関正雄・川北秀人編著『SDGs時代のパートナーシップ─成熟したシェア社会における力を持ち寄る協働へ』学文社、264〜273ページ。

● 佐藤真久（2020）「第2章：VUCA社会に適応した持続可能な社会の構築に向けた能力観」佐藤真久・北村友人・馬奈木俊介監修『SDGs時代のESDと社会的レジリエンス』筑波書房、23〜42ページ。

著者紹介

佐藤 真久 [さとう　まさひさ]

東京都市大学大学院　環境情報学研究科　教授

筑波大学第二学群生物学類卒業、同大学院修士課程環境科学研究科終了、英国国立サルフォード大学にてPh.D取得（2002年）。地球環境戦略研究機関（IGES）の第一・二期戦略研究プロジェクト研究員（環境教育・能力開発）、ユネスコ・アジア文化センター（ACCU）のシニア・プログラム・スペシャリスト（国際教育協力）を経て、現職。現在、ESD円卓会議委員、SEAMEO Japan ESDアワード選考委員（SEAMEO）、UNESCO ESD-GAPプログラム（PN1：政策）共同議長、などを務める。国連ESDの10年（DESD）ジャパンレポートの有識者会議座長、アジア太平洋地域ESD国連組織間諮問委員会テクニカル・オフィサー、北京師範大学客員教授、協働取組推進事業／加速化事業（環境省）委員長、国連大学サステナビリティ高等研究所客員教授、SDGsを活用した地域の環境課題と社会課題を同時解決するための民間活動支援事業（環境省）委員長などを歴任。今日では、国際的な環境・教育協力のほか、協働ガバナンス、社会的学習、中間支援機能などの地域マネジメント、組織論、学習・教育論の連関に関する研究を進めている。代表著書は、『SDGsと環境教育』（編著、学文社、2017）、『環境教育と開発教育の実践的統一－実践的統一にむけた展望：ポスト2015のESDへ』（編著、筑波書房、 2014）、『持続可能な開発のための教育－ESD入門』（編著、筑波書房、2012）、『SDGs時代のESDと社会的レジリエンス』（編著、筑波書房、2020）等。

島岡 未来子 [しまおか　みきこ]

神奈川県立保健福祉大学　ヘルスイノベーション研究科　教授

早稲田大学政治経済学術院　政治学研究科　公共経営専攻　教授

早稲田大学第一文学部卒業後、国際環境NGOグリーンピースに勤務、複数のキャンペーン担当、管理職を務める。退職後、早稲田大学公共経営研究科に入学し、非営利組織経営におけるステークホルダー理論の研究で博士号取得（2013年）。2011年（公財）地球環境戦略研究機関特任研究員、2011年早稲田大学商学学術院WBS研究センター助手。2014年より同究戦略センター講師、2016年同准教授を経て2019年より現職。文部科学省「グローバルアントレプレナー育成促進事業（EDGE：2013年度-2016年度）」、「次世代アントレプレナー育成事業（EDGE-NEXT：2017年～)」の採択を受け、「WASEDA-EDGE人材育成プログラム」の運営に携わり、2016年度より事務局長代行、2020年度より事務局長。起業家教育にかかる国内外の機関と連携したプログラムの企画と実施、授業を実施している。2019年度春学期早稲田大学ティーチングアワード総長賞を受賞。経営研究所「人事部門責任者フォーラム」コーディネーター、環境省「地域活性化に向けた協働取組等の加速化事業」全国アドバイザリー委員、作業部会委員、環境省「持続可能な開発目標（SDGs）を活用した地域の環境課題と社会課題を同時解決するための民間活動支援事業」全国アドバイザー委員。著書に『非営利法人経営論』（共著、大学教育出版、2014）、『場のイノベーション』（共著、中央経済社、2018年）等。

SDGs時代のESDと社会的レジリエンス研究叢書 ②

協働ガバナンスと中間支援機能
環境保全活動を中心に

2020年8月8日　第1版第1刷発行

著　者　佐藤真久・島岡未来子
発行者　鶴見 治彦
発行所　筑波書房
　　　　東京都新宿区神楽坂2−19 銀鈴会館
　　　　〒162−0825
　　　　電話03（3267）8599
　　　　郵便振替00150−3−39715
　　　　http://www.tsukuba-shobo.co.jp
定価はカバーに示してあります

印刷／製本　平河工業社
©2020 Printed in Japan
ISBN978-4-8119-0578-5 C3037